AF470190

NEUVIÈME
RAPPORT ANNUEL

SUR LES TRAVAUX

DE LA SOCIÉTÉ D'HISTOIRE NATURELLE

DE L'ILE MAURICE,

LU DANS SA SÉANCE ANNIVERSAIRE DU 24 AOUT 1838 ;

par M. Julien DESJARDINS,

Secrétaire et l'un des Membres FONDATEURS de cette Société
et de celle d'émulation de l'île Maurice ;

Membre honoraire de la Société asiatique de Calcutta, de la Société de physique et
de médecine de la même ville, de l'Institution littéraire et scientifique du cap
de Bonne-Espérance, de la Société de physique et d'histoire naturelle de
Genève, Correspondant de la Société linnéenne de Bordeaux et de
celle des sciences et arts de Rochefort, des Sociétés zoologique et
météorologique de Londres, du Muséum d'histoire naturelle
de Paris, des Sociétés cuvierienne, philomathique,
de géographie, de géologie, d'entomologie,
d'ethnologie de la même capitale,
etc., etc., etc.

PARIS,

IMPRIMERIE DE L. BOUCHARD-HUZARD,
RUE DE L'ÉPERON, 7.

1840.

JULIEN DESJARDINS.

La science vient de perdre dans M. Julien Desjardins, né à l'île de France (aujourd'hui l'île Maurice), le 27 juillet 1799, un de ces hommes rares, dont l'unique besoin est de consacrer aux progrès de l'intelligence humaine leurs travaux, leur fortune, leur santé même.

Destiné au génie civil, Julien Desjardins avait fait, dès le jeune âge, de bonnes études; mais déjà l'on pouvait deviner que l'occasion seule manquait au goût prononcé qu'il montrait pour l'étude des sciences naturelles, car tous ses moments de loisirs étaient employés à se former une petite collection d'objets d'histoire naturelle : cette occasion une fois trouvée, il devait s'élancer avec ardeur dans une autre carrière.

A l'âge de vingt-un ans, Julien Desjardins fut envoyé en France par sa famille; elle voulait que de hautes études perfectionnassent l'instruction déjà acquise. Pendant ce premier séjour à Paris,

Julien Desjardins suivit avec assiduité les cours professés au Jardin des Plantes, et de ce moment datent ses relations honorables avec les savants dont la France se glorifie.

Né Français, Julien Desjardins avait conservé dans toute sa vivacité l'amour de l'ancienne mère patrie ; les chances de la guerre venaient de soumettre la colonie à la domination anglaise, mais Julien Desjardins , et tous les autres créoles, se regardaient, et se regardent encore aujourd'hui, comme Français. C'est pour cette mère-patrie qu'il a travaillé, c'est elle qu'il a enrichie de collections précieuses ; c'est à elle qu'il a donné les fruits de ses longues recherches.

Après deux années de séjour en France, temps utilement employé, Julien Desjardins retourna à l'île Maurice. En arrivant, il donna sa démission de la place qu'il occupait au génie civil, se maria et alla s'établir au quartier de Flacq.

Alors s'étendirent avec rapidité les collections aujourd'hui si riches, et la belle bibliothèque, qui ont été d'une grande utilité aux savants voyageurs visitant ces parages ; de cette époque aussi se multiplièrent les relations de Julien Desjardins avec ce que la France possédait de plus illustre dans les sciences naturelles. Les envois d'objets rares et précieux, adressés au Muséum d'histoire naturelle, devenaient d'année en année plus fréquents ; aucun sacrifice ne coûtait au jeune adepte pour enrichir la mère patrie ; mais en même temps, doué d'une activité infatigable, il songeait à élever la colonie à la hauteur des pays les plus civilisés de l'Europe, par la fondation de sociétés savantes qui pussent exciter l'émulation et l'amour de l'étude chez les hommes faits, chez les jeunes gens, en offrant à leurs travaux un but et de nobles récompenses.

M. Bouton, dont le nom est cher aux sciences, le secondait avec zèle. Tous deux avaient l'ambition de faire revivre la *Société d'émulation*, jadis fondée dans la colonie, mais qui, depuis des années, n'existait plus que de nom ; tous deux voulaient fonder aussi, au collége royal, un Muséum d'histoire naturelle, et ils offraient de donner les collections qu'ils possédaient alors en commun, leur temps, leurs soins pour augmenter les richesses futures de ce Muséum ; ce qu'ils offraient encore, c'était de faire tourner au profit de cet établissement national les relations qu'ils avaient en France.

La lettre qui renfermait l'expression de cette offre généreuse, adressée au gouverneur de la colonie, l'honorable G. Lowry-Cole, demeura sans réponse ; il en fut de même pour les autres tentatives du même genre.

Cependant les deux amis ne se découragèrent

pas; ils sentaient la nécessité d'établir un point de réunion vers lequel pussent converger les lumières éparses, et d'où elles rayonneraient plus pures, plus certaines, pour répandre partout les divines clartés de l'intelligence unies au savoir. Des hommes distingués, tels que les Burk, les Telfair, etc., joignirent leurs efforts à ceux de Julien Desjardins et de Bouton pour établir une société asiatique; cette fois encore, le zèle le plus généreux, la persévérance, tout échoua devant le *non-vouloir* du gouverneur.

Ces luttes honorables devaient enfin porter quelque fruit; elles avaient éveillé l'attention, elles avaient fait comprendre aux hommes instruits, qui s'étaient renfermés jusqu'alors dans la solitude, que présenter à la jeunesse un point de réunion, c'était donner aux études le stimulant qui leur manquait totalement, et ouvrir une carrière à la plus honorable des ambitions, celle d'acquérir quelque gloire. Trois ans après, les obstacles furent surmontés, et la Société d'histoire naturelle de l'île Maurice fut fondée.

On choisit, pour la séance d'ouverture, l'époque anniversaire de la naissance de Cuvier, le 24 août 1829, et l'on décida que la séance annuelle et publique aurait lieu, chaque année, à pareil jour. Ainsi, sur les côtes d'Afrique, des Français que les lois de la guerre n'avaient pu faire Anglais remportèrent sur leurs vainqueurs une noble victoire, et ces vainqueurs, c'est-à-dire ceux dont l'intelligence était éclairée, s'unirent à eux pour jeter les premiers fondements d'un *monument plus durable que l'airain !*

L'arène était ouverte à ces discussions fécondes qui consolident les connaissances acquises, en même temps qu'elles excitent à en acquérir de nouvelles ; et des encouragements, venus de la France, stimulèrent encore le zèle des fondateurs de cette nouvelle académie. Cuvier envoyait son buste à Julien Desjardins, et, loin de dédaigner l'Académie africaine, il offrait, en termes flatteurs, la nouvelle édition de son règne animal comme un hommage rendu à la pensée qui avait fondé la Société d'histoire naturelle de l'île Maurice, et il annonçait l'intention de lui adresser ceux de ses ouvrages qui pouvaient lui manquer encore.

Secrétaire perpétuel de cette société, dont il était l'un des premiers fondateurs, Julien Desjardins, travailleur infatigable, donnait l'exemple. Doué à la fois d'une intelligence puissante et d'une vive imagination, il employait son temps, sa fortune à soutenir cette œuvre dont les bienfaits se sont fait déjà sentir, et il multipliait, par les moyens que mettaient en ses mains la fortune et une âme ardente pour tout ce qui est beau, pour tout ce qui est bien, les liens si chers qui unissent les Français de l'île Maurice à la France. Ainsi, tandis que le Muséum, la ménagerie, les serres du Jardin des Plantes recevaient, chaque année, de nouvelles richesses pour les sciences naturelles, richesses offertes avec un noble désintéressement et avec grandeur, les savants voyageurs recevaient, au quartier de Flacq, une hospitalité généreuse; ils étaient aidés dans leurs recherches; ils pouvaient disposer de collections préparées avec soin, et d'une bibliothèque unique en son genre; trésors précieux que, jusqu'alors, on aurait vainement cherchés au delà des mers. MM. d'Urville, Quoy, Gaymard, entre autres, ont rappelé avec reconnaissance, dans leurs ouvrages, ces soins hospitaliers à nul autre pareils, ces ressources intellectuelles mises plus d'une fois à leur disposition, et dans les ouvrages des Cuvier, des Blainville, des Bory de Saint-Vincent, des Audouin, des Brongniart, des Guérin-Méneville, des Dejean, des Silberman, etc., le nom de Julien Desjardins est partout inscrit en caractères ineffaçables. Il a plus fait pour la science, en un petit nombre d'années, que tel ou tel savant dans toute une longue vie ; pour la science et pour l'intelligence; pour la science et pour la terre natale, en renouant des liens près de se rompre par l'effet des circonstances et du temps, et en établissant une société d'émulation, qui combat en faveur de l'intelligence humaine contre l'apathie et la nonchalance qui devaient résulter tôt ou tard de l'occupation du pays par les Anglais et de l'influence du climat.

C'est là son plus beau titre de gloire, celui dont, avec raison, il était le plus fier; celui enfin qui l'emportera toujours, aux yeux des amis de l'humanité, sur la célébrité que lui ont acquise les genres qu'il a créés, les genres qui lui ont été dédiés dans les ouvrages immortels des hommes les plus savants de la France et de l'Angleterre.

Membre de plusieurs sociétés savantes (1) qui l'avaient appelé dans leur sein, Julien Desjardins fut, avant tout, homme utile; car il comprit, dans leur noble étendue, les devoirs du citoyen.

L'année dernière, il vint demander à la France,

---

(1) Julien Desjardins était membre correspondant de la Société d'histoire naturelle de Paris, du Muséum d'histoire naturelle de Paris, de la Société de Calcutta, de l'Institution du cap de Bonne-Espérance, de la Société Linnéenne de Bordeaux, de la Société d'agriculture, sciences et belles-lettres de Rochefort, de la Société de physique et d'histoire naturelle de Genève, de la Société météorologique de Londres, de la Société philomathique de Paris, de la Société géologique de France, de la Société de géographie, de la Société entomologique de France, de la Société ethnologique de Paris, et membre fondateur de la Société Cuvierienne de Paris.

pour ses fils, l'instruction dont il connaissait si bien le prix. Il voulait que ses fils aimassent aussi cette mère patrie que lui-même révérait. Il apportait au Jardin des Plantes de nouvelles richesses, et, à l'Académie des sciences, des observations météorologiques d'une haute utilité. Une partie de ses collections l'avaient suivi, car il se proposait de publier le fruit de dix-huit années de recherches, l'histoire naturelle de l'ile Maurice, lorsque la mort est venue le frapper à l'âge de quarante-un ans à peine.

Julien Desjardins sut faire le bien avec grandeur et durée; il sut être savant avec modestie, riche avec simplicité; il dota son pays d'une institution utile; et, à toutes les époques de sa vie, il se montra honnête homme. La mémoire qu'il laisse est pure, aussi lègue-t-il à ses fils un nom honorable et honoré. Honneur donc et paix à la cendre de celui qui, étant riche, savant et célèbre, a pu dire à la fin d'une carrière trop courte pour sa famille en pleurs, pour la science et pour l'humanité : « Je ne me connais pas un seul ennemi ! »

S.-ULLIAC TRÉMADEURE.

PARIS. — IMPRIMERIE DE L. BOUCHARD-HUZARD.

FUNÉRAILLES

DE

M. DESJARDINS,

DE L'ILE MAURICE.

— ◆ —

La *Société Cuvierienne* vient encore de perdre l'un de ses plus zélés fondateurs, *Julien-François* DESJARDINS, de l'île Maurice. Il est mort à Paris, le 18 avril 1840, à l'âge de 41 ans, au moment où il allait enrichir les sciences des nombreuses et importantes observations qu'il avait recueillies sur sa patrie depuis 20 ans.

Les funérailles de Desjardins ont eu lieu mardi 21 avril; un concours nombreux d'amis et de compatriotes, composé des hommes les plus haut placés dans la société ou dans les sciences, et parmi lesquels on remarquait des membres de l'Institut et des diverses sociétés savantes de France, assistait à cette triste cérémonie. Voici les paroles qui ont été prononcées :

Par M. *V. Audouin*, membre de l'Académie des sciences, professeur-administrateur au Muséum d'histoire naturelle.

« Messieurs, mon âme est trop oppressée en présence de cette tombe qui va se fermer sur les restes de mon ami, pour qu'il me soit possible de trouver des paroles capables de rendre l'impression douloureuse et profonde que j'éprouve ; mais ceux qui m'entourent la partagent et ils comprennent tous que l'amertume de nos regrets ne peut s'exprimer que par des larmes. Laissons les couler sans contrainte, messieurs, car, dans ce terrible moment, c'est l'éloge qui convient le mieux à la mémoire de celui que le sort implacable nous enlève. En effet, son cœur était aimant, et la plus grande jouissance qu'il pût éprouver était d'être aimé ; il nous en a souvent fait l'aveu dans nos entretiens intimes. Cette bonté excessive n'était pas la seule qualité qui le distinguait ; qui de nous n'a pas apprécié la noblesse de son caractère, la générosité de ses sentimens, sa fidélité et son dévouement amical ! Mais c'est surtout dans l'intérieur de son intéressante famille qu'il fallait l'observer. Il y avait apporté le bonheur, et combien lui-même n'était-il pas heureux auprès d'une femme douée des plus précieuses qualités et de deux jeunes fils pleins d'espérance ! Aussi le malheur qui nous frappe est-il là, si vivement senti que la force et les expressions me manquent pour le dépeindre. Cette perte est grande aussi pour la science, messieurs, et particulièrement pour la Zoologie que Julien Desjardins cultivait avec tant de zèle et de succès. Exact et scrupuleux dans ses observations, il en avait réuni un grand nombre qu'il se proposait de publier dans un ouvrage sur l'Histoire naturelle de l'île Maurice. Vous le savez, ce fut en partie pour exécuter ce projet qu'il se rendit à Paris, où il était précédé par une réputation bien justement acquise. Pouvions-nous croire qu'à peine arrivé, nous aurions la douleur de lui adresser nos derniers adieux ! Que du moins mes paroles te soient douces, excellent ami, c'est une voix que tu as aimée qui te les adresse, et elles partent d'un cœur qui te conservera toujours une place dans sa mémoire. »

Par M. *Guibert*, docteur-médecin de la Faculté de Paris.

« Messieurs, pourquoi sommes-nous encore une fois réunis au milieu de ces monumens funèbres ?...... c'est encore pour rendre nos derniers devoirs à un homme digne de tous nos regrets ! Permettez à un ami de 20 ans de jeter une fleur sur sa tombe, en vous faisant la lecture de quelques mots sur les titres de Julien Desjardins à l'estime publique : ma douleur ne me permettrait pas de m'exprimer autrement.

Julien Desjardins naquit à l'Ile-de-France, en 1799. Encore au collége, il sentit se développer en lui le goût de l'histoire naturelle. Depuis cette époque, il n'avait cessé de se livrer, avec les plus grands succès, à l'étude de cette science ; il a fondé, comme vous le savez, la Société d'histoire naturelle de Maurice, et il avait été recherché pour ses talens, par plusieurs Sociétés savantes d'Europe ; après avoir fait, pendant 25 ans, de riches et amples collections, il était venu en France, pour y publier l'histoire naturelle de l'île qui l'a vu naître. Son ouvrage était déjà avancé, et avait mérité les éloges des savans les plus éminens dans cette partie ; mais, hélas! une maladie, dont son ardeur pour l'étude avait probablement hâté les progrès, vient de l'enlever à la science, et son précieux ouvrage est resté inachevé!.... Heureusement, je peux ajouter que ses manuscrits, que ses matériaux ne seront point perdus, et qu'un habile naturaliste de ses amis se charge de rédiger le reste d'un ouvrage qui consacrera dans la science le nom de Julien Desjardins.

Sous le rapport social, quel homme mérita plus que lui l'estime du monde et l'amitié de tous ceux qui l'ont connu? La fortune qui l'avait favorisé, ne lui servit jamais à satisfaire des goûts frivoles : ennemi de la vanité, il dépensait son argent comme son temps, uniquement pour la science et pour les choses utiles ; méprisant les préjugés, il ne distinguait les hommes que par leur mérite personnel, et recevait également bien chez lui les riches et les pauvres. Sa maison offrait l'exemple de l'ordre et de la vertu ; il faisait le bonheur de son épouse et de ses enfans !.... Le ciel n'a pas permis que ce bonheur se prolongeât !.... La douce joie que Desjardins répandait dans sa famille, est maintenant remplacée par l'affreux désespoir !......

Malheureuse épouse ! si quelques moyens pouvaient adoucir l'amertume de ta douleur, sans doute, tu trouverais des consolations dans les profonds regrets de tes amis ; mais le coup qui t'a frappée est trop violent !.... Tes chers enfans, seuls, feront ta consolation ! Tu verras se développer, de jour en jour, chez eux, les germes des vertus que leur estimable père a déposés dans leurs cœurs, et eux seuls te donneront la force de supporter ton malheur !

Julien Desjardins ! ta mémoire sera toujours chère à tes amis !

Reçois, en ce triste moment, nos adieux éternels ! Puisses-tu jouir dans une autre vie de la récompense à laquelle ont droit de prétendre tous ceux qui, comme toi, ont rempli sur la terre tous les devoirs de chrétien, de parent et d'ami !

Adieu !........ »

Par M. *V. Feuilherade*, avocat à la Cour royale.

« Nous aussi, messieurs, nous croirions manquer à un devoir sacré si nous ne venions déposer sur le seuil de cette tombe, tant en notre nom qu'en celui de la patrie absente, un juste tribut d'éloges, de reconnaissance et de regrets.

Depuis quelque temps le destin sévit contre nous. Voici la seconde fois, depuis trois mois, que la même solennité douloureuse nous rassemble autour d'une tombe ; et dans ses arrêts mystérieux la Providence semble ne vouloir choisir ses victimes que parmi ce qu'il y a de plus éminent, de plus digne, de plus regrettable au milieu de nous. Les sommités de notre société créole à Paris, semblent attirer les coups du sort, comme d'autres sommités attirent ceux de la foudre. Mais des hommes tels que celui qui nous a été dernièrement enlevé, tels que celui dont nous pleurons aujourd'hui la perte, de pareils hommes peuvent disparaître d'ici-bas, la tombe peut se refermer sur leurs dépouilles mortelles ; mais leur souvenir reste et demeure impérissable comme leur âme, impérissable comme le bien qu'ils ont fait, comme les travaux qu'ils ont accomplis.

Lorsqu'une de ces intelligences supérieures vient à s'éteindre, un antique et respectable usage impose aux amis restans le pieux devoir de rappeler les vertus du défunt, de retracer les faits principaux de sa vie, pour en livrer le tableau à titre d'exemple aux méditations de chacun.

Nulle existence ne fut mieux remplie que celle de notre ami Desjardins.

A l'âge où, en Europe, on achève à peine ses humanités, Desjardins, à Maurice, entrait déjà dans la carrière difficile du génie civil, où il rendit au pays de courts mais honorables services. Cette carrière cependant convenait peu à ses goûts : son esprit si éminemment analytique, ce génie d'investigations qu'il possédait à un si haut degré, l'entraînaient irrésistiblement vers d'autres études. Il céda à cette vocation et consacra sa vie entière à l'étude de l'histoire naturelle. Bientôt il se fit, dans cette nouvelle carrière, un nom qui fut promptement connu du monde savant : les Sociétés d'histoire naturelle de Paris, de Londres, d'Édimbourg, de Genève, de Calcutta, etc., s'empressèrent de le compter au nombre de leurs membres ou de leurs correspondans.

Ces brillans succès devaient inspirer à la jeunesse de notre pays, à cette jeunesse si ardente à l'étude, si avide d'instruction et d'illustration, le goût de ces mêmes travaux auxquels Desjardins se livrait avec tant de bonheur. Desjardins profita habilement de ces dispositions, et la Société d'histoire naturelle de Maurice fut fondée. Ce fut un service réel qu'il rendit au pays, car chaque fois que, dans une localité donnée, on répand l'étude d'une science de plus, chaque fois que l'on ouvre une carrière nouvelle à l'activité de l'esprit humain, on diminue en même temps le nombre de ces désordres qui affligent quelquefois les sociétés et qui ne sont que les tristes fruits de l'oisiveté ou d'un esprit public peu cultivé.

La fondation de la Société d'histoire naturelle sera toujours un des principaux titres de Desjardins à la reconnaissance de la science et de ses concitoyens; mais ceux-ci lui devront aussi de la gratitude pour les efforts constans qu'il fit pour introduire d'utiles réformes dans l'instruction publique à Maurice. De concert avec quelques dignes amis, membres comme lui du conseil de l'instruction publique, il lutta souvent avec bonheur contre la coupable indifférence du gouvernement local sur ce point si important de l'organisation sociale.

C'est à ces soins généreux, à ces études approfondies et consciencieuses que Desjardins consacra vingt années, les plus belles de sa vie. Non content d'avoir payé ce noble tribut à la science et à son pays, il voulut faire encore plus pour le service de l'une et la gloire de l'autre, et songea à publier les documens nombreux qu'il avait recueillis avec tant d'intelligence et d'activité. Cette publication était le but de son voyage en Europe, de ce voyage dont il attendait tant de joies et de bonheur et où il devait bientôt rencontrer la fin de sa carrière. Eh bien ! cette fin si prématurée, cette fin qui venait opérer de si déchirantes séparations et briser tant de belles et légitimes espérances, il la vit s'approcher avec le courage et le calme d'un vrai stoïcien. Pendant ces souffrances si cruelles qui désolèrent ses derniers momens, jamais la fermeté de son esprit, la douceur de son caractère, la sérénité de son âme ne se sont démenties un seul instant. Jusqu'à sa dernière heure il conserva ces précieuses qualités qu'il avait toujours possédées. Il semble qu'il ait voulu que sa mort comme sa vie fût un exemple à méditer.

Oui, messieurs, méditons de pareils exemples, efforçons-nous de marcher sur la trace auguste de ces âmes d'élite; vous surtout, messieurs, qui conservez encore au fond du cœur la douce espérance de revoir un jour notre chère Ile-de-France, ah ! permettez-nous de vous le dire, prenez pour modèle la vie de ces deux hommes que nous regrettons si vivement et que Maurice regrettera toujours, et l'œuvre du progrès qu'ils ont si glorieusement commencée chez nous, et que l'avenir vous donne la mission de continuer, cette œuvre ne restera

pas inachevée, et ceux qui viendront après vous, répéteront
ce que nous disons de ces deux hommes : « Ils ont bien mérité
de la patrie. »

————

Après les témoignages de douleur et de profonds regrets
exprimés dans ces trois discours, regrets bien partagés par les
nombreux amis et compatriotes de notre excellent Desjardins,
je n'ai rien pu ajouter pour mieux faire sentir ma douleur
profonde. Comment aurais-je trouvé des paroles assez
énergiques pour exprimer les sensations que je venais d'éprouver au déchirant spectacle des derniers momens de mon ami,
entouré de sa femme, de ses enfans au désespoir; une douleur aussi vivement sentie, des regrets aussi amers ne peuvent
se rendre, j'ai manqué de courage pour les dire devant la
tombe de Desjardins.

Si quelque chose pouvait atténuer le profond décourage-
ment dans lequel la mort de Desjardins a plongé sa famille et
ses amis, ce serait la certitude que ses derniers momens ont été
sereins comme sa vie : il ne se croyait pas en danger imminent,
il n'a pas éprouvé les angoisses d'une séparation, car il s'est
éteint instantanément et sans agonie.

L'amitié qui me liait à cet homme excellent et le respect
que je porte à sa mémoire, ne doivent pas se borner à de sim-
ples paroles. J'ai une tâche sacrée à remplir et je la remplirai
religieusement. J'achèverai la zoologie de l'île Maurice, que
nous avions commencée ensemble et dont il avait rassemblé les
matériaux avec tant de talent, de zèle et de persévérance; je
ne laisserai pas inédites les nombreuses observations, fruits de
son travail de vingt ans. Certainement la mémoire de Desjardins
vivra éternellement dans le monde savant; les traces de son
trop court passage sur cette terre sont assez marquées par des
travaux utiles et honorables, entrepris dans l'intérêt de son
pays ; mais je ne dois pas négliger d'ajouter une pierre au monument qu'il a élevé lui-même à sa mémoire, monument plus

beau et plus durable que ceux que la vanité élève à la richesse.

Je ne chercherai pas à rappeler ici les vertus privées de Desjardins et les nombreux travaux qui le rangent parmi les hommes les plus utiles à l'humanité, ce tableau trouvera sa place naturelle dans une autre publication. Je dirai seulement que l'illustration qu'il donne à son pays doit exciter la jeunesse de Maurice à imiter son exemple; les hommes éclairés qu'il a réunis dans la Société d'histoire naturelle de l'île Maurice, dont il fut le fondateur et, plus tard, le secrétaire perpétuel, les nombreux créoles qui viennent tous les jours terminer leurs études à Paris, témoignent tous, par leur amour du travail et par leurs lumières, de l'impulsion donnée par Desjardins au goût des sciences, ils ont raison de tenir à honneur d'être ses compatriotes et ses contemporains.

GUÉRIN-MÉNEVILLE.

(Extrait de la *Revue Zoologique* par la *Société Cuvierienne*, avril 1840.)

Paris. — Cosson, imprimeur de l'Académie royale de Médecine,
Rue Saint-Germain-des-Prés, n. 9.

NEUVIÈME

RAPPORT ANNUEL

SUR LES TRAVAUX

DE LA SOCIÉTÉ D'HISTOIRE NATURELLE

DE L'ILE MAURICE.

NEUVIÈME
RAPPORT ANNUEL

SUR LES TRAVAUX

DE LA SOCIÉTÉ D'HISTOIRE NATURELLE

DE L'ILE MAURICE,

LU DANS LA SÉANCE ANNIVERSAIRE DU 24 AOUT 1838;

par M. Julien DESJARDINS.

Secrétaire et l'un des Membres FONDATEURS de cette Société
et de celle d'émulation de l'île Maurice;

Membre honoraire de la Société asiatique de Calcutta, de la Société de physique et
de médecine de la même ville, de l'Institution littéraire et scientifique du cap
de Bonne-Espérance, de la Société de physique et d'histoire naturelle de
Genève, Correspondant de la Société linnéenne de Bordeaux et de
celle des sciences et arts de Rochefort, des Sociétés zoologique et
météorologique de Londres, du Muséum d'histoire naturelle
de Paris, des Sociétés cuvierienne, philomathique,
de géographie, de géologie, d'entomologie,
d'ethnologie de la même capitale,
etc., etc., etc.

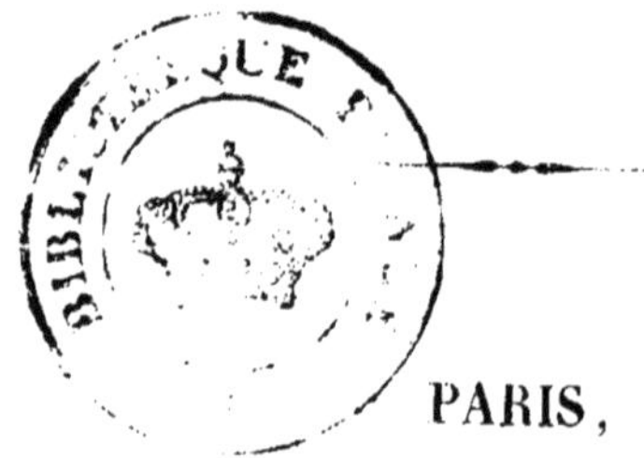

PARIS,

IMPRIMERIE DE L. BOUCHARD-HUZARD,
RUE DE L'ÉPERON, 7.

1840.

NEUVIÈME

RAPPORT ANNUEL

SUR LES TRAVAUX

DE LA SOCIÉTÉ D'HISTOIRE NATURELLE DE L'ÎLE MAURICE,

lu à la Séance du vendredi 24 *avril* 1838.

Le besoin de se communiquer, et plus encore celui de savoir qui en découle naturellement, a fait établir, cette année, dans notre île, une deuxième société scientifique qui, par son nom de *Société d'émulation* et par ses statuts, semble devoir remplacer celle que nous avons vue se fonder au commencement du siècle, dans la même ville, par quelques personnes qui figurent encore parmi nous (1).

Cette société naissante, qui tient ses séances régulièrement tous les mois dans notre local, sympathise d'une manière toute particulière avec nous, et la réciprocité des sentiments qui existe entre les deux corporations me paraît du plus heureux augure pour l'existence de l'une et de l'autre. Nous pouvons même dire que la différence

(1) La *Société d'émulation*, fondée en 1805, dura jusqu'en 1818, non sans avoir eu des interruptions. Une *Société des sciences et des arts* l'avait précédée dès 1801.

des sujets que chacune traite plus spécialement fera que jamais elles ne se jalouseront, et, de plus, les principaux membres de l'une et de l'autre appartiennent à toutes les deux à la fois.

Il convenait au représentant de notre auguste souveraine de prendre sous sa protection immédiate cette nouvelle société, comme elle l'a fait de la Société d'histoire naturelle aussitôt son arrivée dans l'île.

S. E. l'honorable sir W. Nicolay, qui n'a manqué qu'une seule fois de se rendre à nos séances annuelles pour les présider et qui continue de nous accorder sa protection, sent plus que personne combien il est important d'encourager et de protéger ceux qui consacrent leurs loisirs aux progrès des sciences et des lettres et à leur propagation dans notre petite localité.

Bien que notre patron soit retenu au château du *Rédut* par indisposition et que nous ne puissions lui adresser de vive voix nos remercîments, nous ne devons pas manquer de les exprimer dans ce rapport en nous rappelant qu'il a toujours montré beaucoup d'intérêt pour les différents travaux qui s'y trouvent consignés.

C'est pour la dixième fois que nous nous réunissons depuis la fondation de la Société d'histoire naturelle, qui entre, par conséquent, aujourd'hui dans sa dixième année, et je ne laisserai pas passer cette occasion de rappeler que l'anniversaire de la fondation de la société est aussi celui de la naissance de CUVIER, puisque notre société s'est réunie pour la première fois le 24 août 1829, le jour même où ce grand naturaliste est devenu sexagénaire.

Chacun de nos rapports annuels contient quelques mots sur cette circonstance, et, pour être encore une fois fidèle à remplir ce devoir que nous nous sommes imposé, je me contenterai aujourd'hui de ce simple énoncé, sur un philosophe qui, pour me servir de l'expression d'un illustre personnage, a été, pour ainsi dire, *courtisé par tous les gouvernements qui se sont succédé en France depuis la convention.* C'est S. A. R. le *duc* DE SUSSEX qui s'exprimait ainsi à la Société royale de Londres, qu'il préside si dignement et où il compte un Newton parmi ses prédécesseurs. Ce trait honore à la fois le prince qui l'énonce et le savant qui en est l'objet.

Pendant l'année qui vient de s'écouler, aucun changement n'a eu lieu dans l'organisation de la société.

Le bureau a été conservé tel qu'il était l'année précédente, et nous citerons comme le composant encore aujourd'hui,

L'honorable G.-F. Dick,	Président.
MM. Jacques Delisse,	Vice-Président.
Wenceslas Bojer,	Vice-Président.
Julien Desjardins,	Secrétaire.
Ferdinand Magon de Saint-Ellier,	Vice-Secrétaire.
Auguste Drouin,	Archiviste.
Louis Bouton,	Trésorier.

Les membres résidants reçus dans le courant de l'année sont : MM. Bussié (François),

      Du Cladier de Curac (Gustave),

      Bourbon (Melchior).

Cette faible augmentation porte le nombre des sociétaires à cinquante-neuf, parmi lesquels onze sont absents de la colonie.

Le nombre des correspondants est de soixante-neuf,

c'est-à-dire cinq de plus que l'année précédente. Cette augmentation est due aux réceptions suivantes :

MM. Salomon Poirier, contrôleur des monnaies, à Nantes;

Alexandre Lambert, chef d'administration à St-Paul-Bourbon ;

George Harrison, agent du gouvernement anglais, aux Séchelles ;

James-Henry Slade, notaire, aux Séchelles ;

Th.-Alexis Wise, M. D. directeur du collége à Hoogly.

Deux noms célèbres dans les sciences ont été ajoutés à ceux qui forment la liste des membres honoraires, savoir :

1° M. Von Martius, conseiller du roi de Bavière, membre de l'Académie et directeur du jardin botanique de Munich ;

2° Sir John Herschell, qu'il suffit de nommer et qui s'est toujours empressé d'accueillir nos essais.

Nous dirons, à l'occasion des membres honoraires, que la Société a arrêté qu'un exemplaire de l'*Hortus Mauritianus* de notre collègue M. Bojer serait envoyé à chacun. Nous eussions bien désiré pouvoir faire le même présent à chacun de nos membres correspondants, du moins à ceux qui s'occupent spécialement de botanique ; mais le peu d'exemplaires que possède la Société ne nous a pas permis d'exercer cette générosité envers nos savants collègues d'outre-mer.

Nous avons eu le chagrin de voir disparaître de notre liste un nom qui y figurait tout au plus depuis six mois. M. François Bussié que la Société avait cru de son devoir d'honorer d'un diplôme de membre résidant, et qu'elle a reçu sans qu'il fût besoin de le passer au scrutin, a terminé une longue et honorable carrière de quatre-vingt-deux ans, le 2 mai dernier. Des infirmités dues à son grand âge l'avaient tenu éloigné du monde depuis un grand nombre d'années, et la Société d'histoire naturelle, malgré cette particularité, a voulu qu'il fût admis dans son sein. Il y avait d'autant plus de droit qu'il est auteur d'un manuscrit assez volumineux, intitulé : *Mémoire sur les coquilles de l'île de France*, qu'il rédigea en 1805, à la demande du capitaine Mathieu, grand amateur de coquilles et de crustacés, qui possède aujourd'hui, à Versailles, une collection d'objets provenant principalement de notre île. La Société d'émulation de l'île de France accueillit convenablement ce travail trop peu connu parmi nous, bien que quelques personnes en possèdent des copies (1).

Nos relations avec les Sociétés du dehors ont continué d'être aussi actives que par le passé. Nos rapports annuels, que nous prenons soin de leur adresser, alimentent particulièrement la correspondance qu'autrefois nous avions tant de peine à soutenir. Cependant nous ne pouvons encore recevoir aucune réponse sur l'envoi du der-

---

(1) J'en possède une en 212 pages sur *pasfoolscap*, écrite seulement sur la moitié de la page. M. Liénard en a une qui en diffère dans plusieurs endroits ; elle est en 90 pages avec une très-petite marge.

Le nombre d'espèces décrites dans ce travail est de 364, distribuées comme suit : 268 univ., 62 bivalves, 34 multivalves, oursins, étoiles. Nous en possédons, dans notre muséum, plus de 400, sav. : 285 univ., 45 bivalves, 50 à 60 échinodermes et qui appartiennent à notre île.

nier, qui n'a eu lieu que très tard, l'impression en ayant été retardée jusqu'en avril de cette année; les observations météorologiques qui y étaient jointes n'ont même été imprimées que ces jours derniers.

La *Société zoologique de Londres* nous a fait parvenir trois cahiers de ses *Transactions*, formant la suite de ce magnifique ouvrage où presque toutes les espèces nouvelles qu'on y trouve décrites sont représentées en même temps par des dessins de la plus grande beauté. Nous y avons vu, avec la plus vive satisfaction, quelques espèces nouvelles de notre île, décrites par M. Robert Templeton de Belfast, chirurgien de l'artillerie royale, naturaliste fort instruit qui a résidé pendant quelques mois dans notre île, en 1834.

Les procès-verbaux (*proceedings*) des séances de la même Société nous ont aussi été envoyés. Pour ceux qui ne suivent pas les progrès vraiment remarquables de la Société zoologique, il convient de dire que ces procès-verbaux sont bien différents de ceux que publient généralement les autres sociétés scientifiques; ils contiennent quelquefois des notes fort étendues, et leur recueil est cité comme autorité par les savants de tous les pays.

Le secrétaire de la Société zoologique, M. *Edward* Charlesworth, qui a succédé à Bennett, en nous adressant les deux ouvrages dont je viens de parler, nous a fait accepter les huit premiers numéros de la nouvelle série du *Magazine of natural history*, dont il est actuellement éditeur et l'un des principaux rédacteurs. Cet intéressant ouvrage méritait d'avoir pour continuateur un homme aussi capable. D'après la demande qui nous a été faite, par l'éditeur, d'insérer dans cet ouvrage les différentes pièces lues dans notre Société, nous pouvons espérer recevoir avant peu des numéros contenant quelques-unes de nos productions.

La *Société de botanique médicale de Londres* n'a pas manqué, cette année, de nous faire parvenir le discours de son président, *lord* STANHOPE, et nous avons pu voir, avec une véritable satisfaction, que cette société faisait journellement des applications heureuses de la botanique à l'art de guérir.

La *Société asiatique de Calcutta* est peut-être celle avec qui nous avons les rapports les plus suivis et les plus directs. Cela provient du zèle extraordinaire et du grand savoir de son secrétaire, M. *James* PRINSEP.

Son *journal* nous est régulièrement parvenu, et tout dernièrement aussi le troisième volume du poëme sanscrit intitulé *Mahabarata*. Nous ne ferons pas grand usage de ce dernier, mais nous devrons le conserver précieusement pour ceux des orientalistes qui visiteraient notre île.

Nous ne pouvons trouver d'expressions suffisantes pour remercier la Société asiatique de tout ce qu'elle fait pour nous.

La *Société d'agriculture de Calcutta* que nous avions devancée depuis nombre d'années dans la correspondance, a dernièrement envoyé un paquet portant sur l'adresse, *Société d'agriculture et d'horticulture de l'île Maurice*. Comme ce paquet nous a été remis et que nous avons pensé que c'était à nous qu'il s'adressait, n'ayant point dans l'île de société autre que la nôtre qui pût y répondre, nous avons pris connaissance de ce qu'il contenait, et, tout aussitôt, nous avons répondu au secrétaire John Bell, en lui envoyant douze beaux épis de maïs nouvellement récoltés , et que la Société d'agriculture de Calcutta désirait avoir ; nous avons aussi distribué le *sorghum vulgare* qu'il avait chargé notre compatriote et ami M. Th. Hugon de nous remettre dans cette intention. Les ouvrages que ce dernier a bien voulu remettre en même temps consistent en

Un volume des *Transactions de la Société d'agriculture de Calcutta* (le 5ᵉ, in-8ᵒ);

Un Pamphlet sur la cochenille;

Les Rapports annuels de 1836 *et* 1837;

Les Procès-Verbaux de la séance de janvier 1838 et plusieurs autres imprimés tous très-intéressants.

Il en est même un que les feuilles périodiques de notre île ont publié. Il est digne de faire remarquer que nous ne nous sommes pas montrés égoïstes en annonçant que des prix étaient proposés par cette Société pour l'introduction des cannes à sucre au Bengale. Je ne fais cette remarque que par rapport à la masse en général, car, pour les sociétés scientifiques, elles ne doivent former qu'une même famille sur tout le globe, et celle qui favorise le plus les autres doit être considérée comme la plus utile.

La *Société de médecine et de physique,* fondée à Bombay à la fin de 1835, nous a fait l'hommage du premier volume de ses *Transactions,* publié cette année même (1838). Le secrétaire *Ch.* Morehead, en nous l'adressant, nous fait connaître le désir de cette Société d'entrer en relation avec la nôtre dans les mêmes termes que celle de Calcutta, son homonyme, et dont la Société de Bombay est une heureuse imitation. Nous retrouvons à la tête de cette Société *Ch. Collier,* F. R. S , ancien médecin en chef à

Maurice, et qui figurait autrefois parmi nos premiers membres.

Les *professeurs administrateurs du Muséum d'histoire naturelle de Paris*, parmi lesquels nous comptons plusieurs membres honoraires et correspondants, nous ont fait l'honneur de nous écrire pour nous accuser réception de notre avant-dernier rapport. Cette administration, qui forme, pour ainsi dire, une république sans exemple dans le monde savant, riche d'une multitude d'objets doubles qui affluent de tous les points du globe, et que nous pouvons nous glorifier d'avoir enrichie quelquefois aux dépens de nos propres collections, en lui envoyant des espèces uniques, nous rendrait heureux si elle daignait, de loin en loin, nous favoriser de quelque chose, soit en objets d'histoire naturelle nommés par les professeurs de la spécialité, soit en quelques brochures extraites de ses savantes annales; mais, que dis-je? les *Nouvelles annales du Muséum* ont cessé de paraître après le quatrième volume, et cette interruption, dont nous n'entrevoyons pas la fin, est vraiment un échec notable dans le progrès des sciences naturelles.

La *Société linnéenne de Londres* nous a aussi écrit par l'intermédiaire de son secrétaire, M. Bott. Cette Société, fondée par *Smith*, que l'on peut appeler le *Botaniste anglais*, et qui a été constituée depuis par lettres patentes de G. III, quoique plus restreinte que le Muséum d'histoire naturelle de Paris, et la Société zoologique de Londres, se trouvent, pour ainsi dire, former entre elles deux un milieu remarquable et qui, pour cela, n'en a pas moins d'éclat. Un fait assez curieux à observer, c'est que, parmi les dix-sept volumes in-4° que la Société linnéenne a pu-

bliés depuis sa fondation, qui date de 1783, un seul para-
graphe a rapport à la zoologie de notre localité, et c'est au
sujet d'un petit insecte de l'ordre des névroptères que
M. *Templeton*, que j'ai déjà cité, a pris dans notre île (1).

Il n'en est pas de même des transactions ou mémoires
des autres Sociétés que j'ai souvent l'occasion d'énumérer.

Le *British museum* ou le Muséum de Londres, que l'on
trouve dans les vieux ouvrages sous l'appellation assez
singulière de l'*arche de Tradescant*, par allusion à l'*arche de Noé*, prend tous les jours un accroissement notable. Nous avons reçu tout récemment, de l'honorable secrétaire colonial qui est en même temps notre président,
une lettre par laquelle il nous a transmis une circulaire du
très-honorable secrétaire d'État lord Glenelg, accompa-
gnant copie d'une lettre du secrétaire du muséum britan-
nique, M. *Forchall*, tendant à solliciter, auprès du ministre, la faveur de faire parvenir à tous les gouverneurs
des possessions anglaises, des instructions imprimées sur
les moyens les plus propres à employer pour faire des
collections dans les trois règnes de la nature, et les expé-
dier ensuite au muséum de Londres. En nous transmet-
tant ces pièces, le président nous a particulièrement fait
entendre que S. E. le gouverneur, sir W. Nicolay, notre
patron et protecteur, serait on ne peut plus heureux de
fournir à ceux qui voudraient répondre à cet appel toutes

---

(1) C'est une espèce du genre *Embia*, Latr., *Tr. Linn. Soc.
Lond.* XVII, 373, que j'ai retrouvée et qui figure dans ma collection.

Pour la botanique, nos îles sont citées quelquefois, particulièrement par M. Alph. de Candolle, dans son mémoire sur la famille
des Solanées, qui se trouve dans le 17ᵉ vol.

les facilités en son pouvoir pour l'envoi de ces objets. Une caisse de zoologie et une de géologie sont à la veille d'être expédiées, dans la vue de répondre à la demande du *British museum* que la Société désire vraiment enrichir des productions de son île.

L'*Institution littéraire et scientifique du cap de Bonne-Espérance*, pour laquelle nous travaillons journellement, nous donne, de loin en loin, quelques marques de souvenir. Nous avons reçu, par l'entremise du savant docteur ADAMSON, dont les lumières sont si précieuses pour cette colonie, le premier numéro de la deuxième série de son journal trimestriel (décembre 1836) et le deuxième rapport du comité de météorologie.

Nous trouvons, dans le premier de ces ouvrages, quelques observations de notre collègue J. A. LLOYD, F. R. S., faites au Port-Louis de notre île, et, comme nous terminions notre travail, ces jours derniers, une lettre nous est parvenue de sir John Herschell qui nous accuse réception de tous les tableaux d'observations météorologiques de 1837 que nous lui avons adressés. Cette lettre, datée du 30 mars, est écrite en mer dans le voisinage de la ligne. Le célèbre astronome nous l'écrivait dans l'espoir de rencontrer un navire venant à Maurice, et nous avons été assez heureux pour voir son désir accompli. Il ne nous avait pas répondu plus tôt, nos paquets ne lui étant parvenus que la veille de son départ du cap de Bonne-Espérance.

La *Société de physique et d'histoire naturelle de Genève*, à laquelle nous avions fait parvenir diverses pièces il y a un an, vient de nous adresser les choses les plus flatteuses par l'organe de M. Alph. de Candolle, digne émule de son illustre père. En nommant votre secrétaire membre honoraire de cette société, c'est resserrer des liens qui ne peuvent qu'être extrèmement profitables pour nous. Le dernier volume de ses *mémoires* nous a été acheminé, et le numéro de janvier 1838 de la *Bibliothèque universelle* rend un compte détaillé extrèmement encourageant sur notre septième rapport. Nous avons déjà vu, dans les numéros précédents, des extraits de ces mèmes rapports, mais moins détaillés.

Les questions proposées par M. MALLET, secrétaire de la Société de Genève, sont d'un intérèt majeur pour les sciences ethnologiques. Nous sommes situés à Maurice de la manière la plus favorable pour y répondre, et nous nous ferons un devoir de nous y livrer autant que nos travaux spéciaux en zoologie nous le permettront.

Cette Société désire ardemment recevoir de Maurice des échantillons de zoologie et de botanique ; nous nous ferons un devoir de conscience de leur en adresser.

La *Société royale de Turin*, en adressant un diplôme d'associé étranger à notre collègue M. L. BOUTON, nous ouvre une nouvelle voie pour entretenir des relations avec l'Italie, cette terre classique des beaux-arts et des sciences. Nous y avions déjà quelques membres correspondants, mais nous devons être glorieux de voir un des membres résidants fixer l'attention d'une Société aussi célèbre.

Nous avons vu que la *Société linnéenne de Bordeaux* continuait à rendre compte de nos rapports dans son intéressant journal l'*Ami des Champs* ; c'est particulièrement le morceau qui a trait à l'économie domestique et que nous devons à notre collègue Lépervanche Mézière que ce journal a extrait, du moins dans les numéros qui nous sont connus.

Je vais maintenant parler de ceux nos honorables correspondants dont nous avons reçu des nouvelles.

M. *Victor Audouin*, professeur au muséum d'histoire naturelle de Paris, l'un de nos plus anciens correspondants, vient tout récemment d'être admis à l'Académie des sciences dans la section d'économie rurale, en remplacement du savant Tessier; il le remplace, c'est bien le mot, car il en est beaucoup à qui l'on succède, mais que l'on ne remplace pas. Ici c'est faire l'éloge du prédécesseur et du successeur que d'oser dire cette vérité. Ce savant collègue, qui a, pour ainsi dire, encouragé nos premiers essais, nous demande des renseignements sur l'entomologie de notre île et particulièrement sur cette partie de la science qui se rattache davantage à l'agriculture, et qu'il convient surtout de connaître pour aviser aux moyens de combattre le ravage des insectes. Son projet est de publier, sur ce sujet intéressant, un travail auquel il a consacré de longues veilles (1). M. Audouin étant peut-être, dans cette partie, l'homme le plus instruit, parmi tous ceux qui se sont succédé dans la même section de l'Institut, nous pouvons espérer voir paraître bientôt un ouvrage dont nous retirerons dans notre île beaucoup de fruits, malgré l'immense différence qui existe dans notre température.

Le nom de M. *Guérin Méneville*, quand il s'agit de correspondant et d'entomologiste, vient tout naturelle-

____

(1) Ses recherches, dont il adressa un exposé à l'Académie le 29 janvier 1838, se composent de 14 vol. avec les dessins et les analyses, et ont été commencées dès 1817. *Mémorial encyclopédique, VIII, 7.*

ment s'offrir à notre pensée. L'échantillon que nous a donné tout récemment ce savant en nous faisant parvenir plusieurs exemplaires de la monographie du genre *Limnadie*, dont une espèce, qui habite dans notre île, a reçu le nom de *L. Mauritiana*, G., est du plus heureux augure pour le grand travail du même genre qu'il prépare et pour lequel nous ne cessons, depuis plusieurs années, de réunir des matériaux. Nous nous estimons fort heureux d'avoir pu nous associer à un naturaliste aussi habile, et qui excelle surtout dans l'art d'illustrer les espèces, talent qui, il faut le dire, n'est pas moins remarquable dans Madame Guérin son épouse.

J. N. O. Westwood, des Sociétés zoologique et Linnéenne de Londres, qui s'occupe plus particulièrement des espèces de petite dimension, dans lesquelles il semble que la nature soit plus admirable encore, nous a envoyé plusieurs extraits de ses ouvrages sur l'entomologie. L'ancienneté de la date de cet envoi nous fait supposer que le navire sur lequel nous l'avons trouvé comme par hasard a pu faire deux et trois fois le voyage d'Europe depuis que M. Westwood nous l'a adressé.

M. le docteur Grateloup, président de l'Académie royale des sciences de Bordeaux, notre correspondant dans le département des Landes, et qui est peut-être le savant le plus actif du midi de la France, nous a adressé tout récemment le discours qu'il a prononcé le 21 septembre à cette Académie, qui est glorieuse d'avoir eu pour fondateur Montesquieu. Le sujet que notre collègue a pris pour texte est l'*Influence des sciences et des arts sur la civilisation*. Il a bien voulu nous en envoyer une copie ainsi que les deux morceaux suivants :

1º *Conchyliologie fossile du bassin de l'Adour* (1) ;

2º *Notice sur la famille des Bulléens* (2).

MM. Quoy et Gaimard, que nous ne séparons jamais dans notre pensée, où ils occupent une grande place, nous tiennent toujours au courant de leurs travaux. Presque aussi éloignés l'un de l'autre en ce moment que nous le sommes nous-mêmes de chacun d'eux, nous aimons cependant à les réunir, car cette réunion nous rappelle d'heureux moments.

M. Quoy rêve toujours un troisième voyage autour du monde, bien que sa place soit depuis longtemps désignée à l'Institut. C'est vraiment dans ce temple des sciences et des lettres, auprès de nos autres collègues Geoffroy Saint-Hilaire, Jussieu, Brongniart, Richard, Bory, Audouin, Gaudichaud, son triple confrère, comme il l'appelle dans sa dernière lettre, qu'il doit un jour s'asseoir.

M. Gaimard, l'homme de l'Europe le plus entreprenant et qui, presque toujours, a eu le bonheur de voir ses entreprises couronnées de succès, est, dans ce moment, dans les régions polaires du Nord. Vous savez tous l'heureuse inspiration qui l'a porté à annoncer à ses collègues, que, au jour et à l'heure indiqués, ses vœux se tourneraient vers nous autres Mauriciens, et qu'il serait heureux d'apprendre que nous y avons répondu (3).

(1) Extrait des actes de la Soc. linnéenne de Bordeaux, 5ᵉ et 6ᵉ liv., 25 nov. 1836. — 56 p. et 2 pl. repr. 84 fig. dessinées d'après nature.

(2) Bordeaux, 1837, in-8, p. 68, et pl. dessinée d'après nature.

(3) Le *Cernéen* du 31 juillet a rendu compte du banquet donné par MM. d'Epinnay et Dumée à cette occasion, le 29 juillet dernier, sur leur établissement de *Labourbonnais* à Pamplemousses.

Un autre de nos correspondants l'accompagne pour la troisième fois dans cette périlleuse expédition, c'est M. Raoul Anglès.

Le bel ouvrage publié par la commission scientifique d'Islande dont M. Gaimard est président nous parvient régulièrement, grâce à la complaisance de cet ami, et nous pouvons assurer que ce sera une des productions de l'esprit qui fera le plus d'honneur à l'époque (1).

M. Goudot vient de pénétrer jusqu'à Emirne, capitale de la reine des Ovas, au centre de Madagascar. Il était à la suite des ambassadeurs qui viennent d'effectuer leur retour d'Europe avec M. Garnot. Il nous écrit qu'il a passé six mois dans cette capitale le plus tranquillement

(1) Nous croyons devoir faire observer que l'éditeur des *portraits et histoires des hommes utiles*, publiés par la Société *Montyon et Franklin*, a commis un oubli en ne disant pas, dans l'article qu'il a consacré à notre ami M. Gaimard (p. 193 à 195, 2ᵉ semestre, 1837), que M. le professeur Quoy, naturaliste de l'expédition de l'*Astrolabe*, a contribué aussi à la rédaction de la *zoologie* de ce voyage : que dis-je, M. Quoy, l'homme le plus distingué de toute cette expédition, sans pour cela porter la moindre atteinte aux talents et au caractère de ses savants compagnons de voyage, est pour ainsi dire le maître et le mentor de M. Gaimard, et M. Gaimard, loin de le laisser ignorer, le proclame sans cesse avec cette franchise et cette bonhomie qui le caractérisent.

M. Quoy doit avoir bientôt sa place dans la galerie intéressante où se trouve M. Gaimard ; lui aussi a bravé le choléra à Toulon, où il a remplacé le médecin en chef qui venait de succomber dans la dernière épidémie.

Mais la difficulté est d'obtenir de M. Quoy des renseignements suffisants pour le faire figurer, comme il le mérite, dans cet ouvrage ; nous aurons soin de les fournir dès que nous aurons le consentement de ce savant collègue et ami.

du monde, et il ajoute que ce pays a quelques agréments pour les étrangers, ceux surtout qui savent la langue malgache. Il s'y est fort plu, et c'est même dans cette province qu'il se propose de demeurer dorénavant (1).

MM. Lepervanche Mézière et Lambert, comme on le verra tout à l'heure, nous ont donné, sur Bourbon, des détails du plus haut intérêt sur l'agriculture, l'industrie coloniale, la météorologie et la géologie.

MM. Gueit et Follet, que nous comptions aussi parmi les correspondants de cette île voisine, ont quitté la colonie pour se rendre en France, d'où ils nous ont promis de nous être utiles sous plusieurs rapports.

Depuis quelque temps, plusieurs des correspondants que nous avions nommés dans diverses contrées ont changé de résidence.

---

(1) Cette grande île est explorée en ce moment par M. Tenant, chimiste envoyé d'Europe pour faire des essais sur les productions que la nature semble avoir pris plaisir à y répandre; l'*orseille* particulièrement a attiré l'attention de ce voyageur. Ce pourrait être une branche de commerce ouverte pour cette île, et la nôtre, qui doit toujours être comme l'entrepôt de ce qui sort de Madagascar, bien que Bourbon soit aussi en droit de le lui revendiquer, en retirant toujours quelque chose.

M. Lequer D. M. P. explore la partie méridionale de l'île, celle qui avoisine le fort Dauphin : les recherches qu'il se propose de faire, en botanique particulièrement, ne peuvent manquer d'avoir un résultat heureux, cette partie ayant été moins explorée que les autres. La langue du pays est aussi un des points sur lesquels M. L. paraît devoir s'attacher ; nous sommes heureux d'avoir pu lui fournir des vocabulaires qu'il nous a promis d'annoter et de compléter autant que possible.

C'est ainsi que M. M^m Sauzier, qui avait d'abord été à Bourbon, se trouve depuis quelques années à Maurice. MM. Harrison et Lefébure de Marcy ne sont plus aux Séchelles ; le premier doit être à la veille de toucher le sol de l'Angleterre, le second est à Maurice.

Nos anciens correspondants de Madagascar, les missionnaires envoyés de Londres, qui ont recueilli tant de documents précieux, ont quitté cette terre inhospitalière.

James Cameron est au cap de Bonne-Espérance, et Edmond Baker est à Maurice, où il continue, avec un zèle vraiment admirable, ses travaux typographiques pour le service de la mission.

Nos correspondants de Sydney nous ont comme entièrement délaissés depuis nombre d'années, à l'exception de M. le docteur S. V. Thomson, F. L. S., dont le nom se rattache si glorieusement à la civilisation de Madagascar.

Sir W. T. Barry, qui avait bien voulu accepter un diplôme de membre correspondant dans la Nouvelle-Galles du sud, est en Angleterre depuis quelques années.

Je ne terminerai pas ce que j'ai à dire sur nos correspondants sans parler de M. S. Poirier, qui continue toujours, avec le même zèle et la même complaisance, de se charger de toutes les correspondances qui ont rapport à la capitale de France et à plusieurs autres villes.

Le journal l'*Institut*, une des publications de l'époque qui s'occupent spécialement des Sociétés savantes, et qui a pris pour cette raison le nom de la plus célèbre de toutes les institutions humaines, a plusieurs fois rendu compte de nos travaux et toujours dans les termes les plus flatteurs. Nous devons même être glorieux de voir que, lorsque nos rapports ne parviennent pas assez promptement à l'éditeur et qu'ils se trouvent dans les journaux étrangers, l'*Institut* en fait des extraits pour les publier dans ses colonnes après les avoir traduits. C'est ainsi qu'il en a agi pour notre quatrième et cinquième rapport, mais toujours avec cette scrupuleuse attention qui caractérise principalement M. Eugène Arnoult.

Nos procès-verbaux ont été de même plusieurs fois reproduits dans ce journal, et ce qui me conduit principalement à en faire la remarque, c'est que dernièrement l'éditeur s'est plaint de ce que les *indications fournies par ces procès-verbaux n'étaient que bien rarement suffisantes pour faire connaître l'objet des mémoires, notices ou communications faites à la Société*, ce qui avait fait discontinuer quelque temps de les publier. Cependant notre dernier rapport ayant tardé à paraître, l'éditeur *s'est décidé* à présenter, telle que la donnaient nos procès-verbaux manuscrits, une indication sommaire des travaux de la Société d'histoire naturelle, depuis la séance d'août 1835 jusqu'à celle d'octobre 1836; et, à cette occasion, il ajoute : « L'insuffisance de cette publication engagera, nous n'en « doutons pas, la Société, dans l'intérêt de la science, « comme dans le sien propre, à faciliter les moyens de « nous transmettre à l'avenir des renseignements qui « permettront d'apprécier plus convenablement ses tra- « vaux (1). »

Nous convenons, avec l'*Institut*, que ces procès-verbaux sont d'un laconisme désolant pour celui qui veut y trouver des renseignements suffisants pour arriver à la dé-

____

(1) 1837, p. 264.

termination des espèces. Mais, depuis la fondation de la Société, notre plan étant de donner tous les ans, dans les rapports que ce même journal paraît apprécier, des détails sur les pièces lues dans les séances mensuelles, ce serait un double emploi quelquefois dangereux de les donner préalablement dans les procès-verbaux, qui ne sont, en effet, qu'une simple indication de nos travaux.

Nous préférons cette manière, et il serait peut-être à désirer que plusieurs Sociétés adoptassent ce plan. La raison en est que souvent un morceau, composé assez précipitamment, est publié tout aussitôt dans les procès-verbaux, et que l'auteur, s'il est vraiment consciencieux, regrette de le voir reproduit avec ses défectuosités, tandis que, six mois ou un an après, lorsqu'on est obligé de revoir ce travail, on peut y faire des changements heureux ou au moins se convaincre qu'il mérite vraiment la publication.

Nous avons toujours pensé, avec Sénebier, que *l'interprète de la nature doit retarder la publication de ses découvertes tant qu'il espérera les rendre plus solides* (1).

L'éditeur de l'*Écho du monde savant*, qui veut bien nous faire le compliment d'avancer que, depuis longtemps, la Société d'histoire naturelle de cette île a été inscrite au nombre des réunions scientifiques les plus dignes d'intérêt, nous a fait parvenir un prospectus à l'occasion d'une *Société française pour la propagation et les progrès des sciences naturelles*, fondée à Paris, par M. Nérée Boubée, professeur de géologie et directeur du journal. En même temps

____

(1) *Essai sur l'art d'observer et de faire des expériences.* II, 2.

nous nous sommes trouvés désignés dans cette île comme pouvant recevoir les fonds que les personnes qui voudraient devenir actionnaires auraient à faire parvenir à la Société de Paris. C'est une marque de confiance à laquelle nous sommes sensibles, et nous serions heureux de pouvoir intervenir auprès de quiconque aurait l'intention de prendre une action dans cette Société.

Le but principal de cette nouvelle Société est de fournir un centre dans la capitale de la France, afin de se procurer, avec facilité et en toute sécurité, des moyens d'échange, de vente et d'acquisition d'objets appartenant aux trois règnes de la nature, et qui auraient l'inappréciable avantage d'être parfaitement nommés avec leur synonymie détaillée. Les noms à appliquer aux espèces nouvelles pourraient aussi être mieux choisis.

L'action qui est de 5oo fr. (1oo piastres), payables, si l'on veut, par cinquième, de trois mois en trois mois, doit procurer, en outre du journal qui sera distribué gratis à chaque actionnaire, un intérêt considérable provenant de la vente des collections formées par le grand nombre d'individus employés et payés à cet effet.

Enfin l'un des avantages moraux les plus grands est que chaque actionnaire pourra constamment fraterniser avec les savants de beaucoup de contrées. Nous ne serions pas entrés dans ces petits détails de finances, si nous n'étions persuadés que vraiment la science doit en retirer de grands avantages, et c'est à cette condition que nous avons pris une action dès le jour même que le journal nous est parvenu.

AGRICULTURE. — ÉCONOMIE RURALE.

Celui qui fait produire à un terrain une gerbe de blé de plus rend aux hommes un plus grand service que celui qui leur donne un livre (Bernardin, P. et V., 133, 4º), a dit un philosophe que nous aimons souvent à citer, et que souvent aussi nous sommes obligés de combattre.

Ici nous pourrions dire que nous faisons l'un et l'autre, car nous avons déjà fait connaître, en parlant de notre correspondance avec les Sociétés du dehors et avec les membres étrangers, que des introductions de plantes alimentaires avaient eu lieu, et nous allons nous étendre davantage sur ce même sujet.

A la dernière séance annuelle, M. L. Bouton a lu un mémoire *sur le décroissement des forêts à l'île Maurice*, qu'il partage comme suit : 1º *l'État de l'agriculture à Maurice ;* 2º *Défrichement des forêts ;* 3º *Règlements forestiers sur la matière.*

L'attention portée à cette lecture est une preuve de l'intérêt que l'auteur a su donner au sujet qu'il traitait. Une autre preuve non moins convaincante de ce que j'avance est la résolution, prise par tous les membres présents à la séance, de livrer à l'impression le mémoire dans tout son contenu. Des exemplaires ont pu, par ce moyen, être envoyés à tous les sociétaires tant résidants que correspondants. De plus, les gazettes de notre île ont reproduit en totalité le même mémoire (1), et les éloges qu'ils

(1) *Cernéen.* nᵒˢ 814, 815, 12 et 14 avril 1838

ont adressés à l'auteur nous dispenseraient d'y joindre ceux de la Société, si ce n'était l'opinion où nous sommes qu'en y manquant nous manquerions aussi aux convenances. C'est dans la Société d'histoire naturelle que ce mémoire a dû être compris et senti plus vivement qu'ailleurs, c'est donc à la Société à en proclamer l'excellence.

Nous pourrions faire remarquer en même temps que, faisant exception jusqu'à présent à ses autres collègues, M. B. a seul fourni, depuis la fondation de la Société d'histoire naturelle, des articles dont l'intérêt et le style ont fait prendre la résolution de les faire imprimer et distribuer (1).

Rappeler sans cesse les bons préceptes, mettre, sous les yeux des autorités qui les ont créées, les ordonnances locales que ces mêmes autorités laissent tomber en désuétude, est du devoir de tout bon citoyen. M. Bouton n'a pas craint, en donnant la longue liste des ordonnances et des lois publiées dans le pays sur les eaux et forêts, et particulièrement sur la conservation des bois, de dire en même temps que, si le gouvernement ne s'empressait de prendre, à cet égard, de sages mesures, ou des mesures sévères, ce qui veut dire la même chose, notre île deviendrait semblable à cette terre aride que l'incurie de ses sauvages habitants a rendue comme une Thébaïde au milieu

(1) En juillet 1830, un article sur la Société établie au cap de Bonne-Espérance sous le titre de *South. African hist.* En janvier 1834, un autre article sur le voyage de notre collègue Andrew Smith dans l'intérieur de l'Afrique.

des mers : l'île de Pâques, dans le grand Océan équatorial, est quelquefois réduite, selon des voyageurs dignes de foi, à voir ses habitants et ses chevaux particulièrement s'abreuver de l'eau de la mer.

M. Boussingault, le savant physicien, ami de Humboldt et d'Arago, a fait connaître, l'année dernière, à l'Académie des sciences de Paris, que le déboisement avait fait tarir une multitude de sources et diminuer très–sensiblement les eaux de plusieurs grands lacs en Amérique et en Europe. Il dit aussi que les pluies ont cessé totalement dans plusieurs localités qu'il cite avec détail et exactitude ; et il ajoute que, là où des lisières d'une certaine étendue ont été laissées, les pluies recommencent comme auparavant.

Mais qu'ai-je besoin d'aller si loin chercher des exemples pour appuyer l'opinion de notre collègue? Une mare d'une étendue considérable, située aux quatre cocos (quartier de Flacq), près le bel établissement de MM. Lebreton, a diminué, depuis le défrichement des forêts qui l'environnaient, à un tel point, qu'aujourd'hui on la passe à sec vis-à-vis l'endroit où le chemin fait un coude, tandis que, il y a quelques années, toute cette portion, large de plus de deux cents pieds, était couverte d'eau à une profondeur de deux et trois pieds, et qu'alors le piéton était forcé d'en faire le tour, comme le font encore aujourd'hui les chevaux et les voitures.

Pour celui qui est né dans cette île sans cesse mutilée par d'avides spéculateurs, pour celui qui aime le sol natal et qui veut y couler des jours paisibles au sein de sa famille toute mauricienne, toute créole, le cœur se resserre à la vue de cette destruction qui semble ne devoir finir que lorsqu'il ne restera plus un arbre à abattre dans les lieux où la canne est supposée pouvoir venir.

Nous faisons les mêmes vœux que notre collègue, et nous désirons au moins que d'autres arbres soient mis en terre pour remplacer, s'il est possible, nos antiques forêts et reposer l'œil fatigué de cette monotonie qu'offrira bientôt la plus belle portion de notre île. La nature nous les offre avec profusion, ces plantes que nous pourrions confier à cette portion du sol que l'on appelle *vieille terre* ou *terre usée*. La *racine importée par Labourdonnais* nous offre le double avantage d'un assolement précieux et d'une nourriture salubre, ce qui est une ressource inappréciable contre la disette dont nous pouvons être la proie d'un moment à l'autre (1).

Les plantes que nous pourrions mettre dans les endroits découverts sont : le bois noir(*Acacia Lebbeck*, Wild.), que nous devons à Cossigny le *philosophe de Palma ;* le *bois d'oiseau,* qui nous vient de Chine(*Litsea sinensis* ou *Tetranthera laurifolia*, Jacq.); le Sang-de-dragon (*Pterocarpus Draco*, Lam. , DC.). Ils ont d'ailleurs plus d'une utilité, et ce ne serait pas seulement comme assolement et comme abri qu'ils seraient précieux, les arts mécaniques les réclament en même temps qu'ils sont d'un usage journalier.

Dans une autre séance, M. L. Bouton a lu une note sur le *Maïs planté dans les lignes de cannes*. Son idée principale est de fixer l'attention du cultivateur sur la nécessité

______

(1) N'oublions pas que le ballot de riz de 150 livres pesant a valu jusqu'à 10 piastres (50 fr.) il y a quelques années.

de donner aux plantes alimentaires un rang distingué, une place honorable dans l'agronomie mauricienne. Convaincu que la réalisation d'une semblable idée doit produire les résultats les plus heureux, il y revient de nouveau, parce qu'il sait combien il est difficile de conduire au bien des masses d'hommes peu raisonnables, et que le besoin de jouir de suite, au détriment de l'avenir, porte constamment à abuser des bienfaits que leur prodigue une terre nourricière. La divergence des opinions de nos planteurs, parmi lesquels, cependant, on en pourrait citer de très-habiles, lui a fait tirer cette conséquence que tous peuvent avoir raison dans quelques circonstances et tort dans des circonstances opposées. L'opinion, par exemple, que le maïs est nuisible aux cannes est également combattue par deux partis bien prononcés. Cependant il vient des cannes et du maïs, et même aussi quelquefois d'autres grains dans le même carreau. Il reste à savoir maintenant si chacune de ces denrées plantées dans des carreaux différents aurait donné un résultat tout autre. Là-dessus il n'y a pas, je crois, de discussion à avoir; mais l'entretien d'une étendue double de terrain et aussi cette étendue que l'habitant ne possède pas toujours doivent le porter à faire, je pense, des plantations *interlinéaires*, si je puis employer l'expression. M. Bouton vient de le pratiquer dans son domaine des *Rochers*, à Pamplemousses, et il a parfaitement réussi.

Le magnifique ouvrage (1) de notre correspondant

1) *Histoire naturelle agronomique et économique du maïs.* In-fol., Paris et Turin. 1836, p. 176, et 19 pl. color. Voyez le p. 47, 49, 50, 130, 147.

M. Bonafous, directeur du jardin de botanique rurale de
Turin, sur le maïs, et que M. Bouton a reçu tout dernièrement, vient appuyer son opinion. Nous y voyons, en
effet, que les terres volcaniques de Maurice et de Bourbon lui conviennent au mieux ; et il faut ajouter, aujour-
d'hui surtout, que la maladie qui affectait particulièrement cette plante en 1832, et qu'on ne sait encore à quoi
attribuer, a totalement disparu.

C'est par des exemples pris dans notre localité même
que M. Bonafous appuie ce qu'il avance. Il cite M. Céré,
qui, dans les mémoires de la *Société royale d'agriculture
de Paris*, 1786, a parlé d'une terre qui, sans avoir reçu
d'autres amendements que les eaux de la pluie, produisait
du maïs, sans discontinuer, depuis cinquante-six ans.

Le maïs, dans ses rapports hygiéniques, est un aliment
précieux, mais c'est à peine si, dans notre île, depuis plus
de dix ans, un individu en mange deux fois dans l'année.
A Bourbon, il est plus commun, bien qu'il ait aussi
beaucoup diminué, et, sur ce point, M. Bonafous a seulement contre lui que la chose qu'il avance, bien que
vraie, a cessé d'exister, mais que son opinion est toujours
juste (1).

Ce n'est pas sans un véritable plaisir que je vois, cette
année, mon travail s'étendre plus particulièrement sur
ce qui a un rapport direct avec les sciences d'application ;
c'est une preuve de l'intérêt que chacun commence à

______

(1) Le 27 novembre 1837, un rapport a été fait à l'Académie des
sciences de Paris, par MM. Silvestre et Payen, sur l'*Essai de culture des quarante-quatre variétés de maïs*, adressé à l'Académie, par
M. P. Brown. Mémorial encyclopédique, décembre 1837, p. 705

prendre, dans notre île, à la science la plus utile à l'homme, l'agriculture.

La patate Sully, ainsi nommée de M. Sully Brunet, ancien avocat, qui l'a introduite à Bourbon, au commencement de 1837, lors de son retour de France, où il avait été délégué de la colonie, nous a aussi été envoyée de l'île voisine. Déjà plusieurs personnes la possédaient à Maurice, quand M. Lambert, qui nous en a envoyé à différentes reprises, nous a en même temps donné quelques détails sur le sujet. Il paraîtrait que cette plante avait d'abord été envoyée du Brésil à la Martinique, puis en France, d'où M. S. Brunet, qui l'avait fait demander préalablement à la Martinique, l'a portée à Bourbon. Que de soins il a fallu pour conserver cette plante après tant de voyages ! A Bourbon les essais ont parfaitement réussi, même dans les expositions les plus variées. Au développement rapide de ce tubercule qui, en quelques mois, atteint quelquefois le poids de cinq livres (1), se joint encore l'avantage de pouvoir se conserver sept ou huit mois sans détérioration.

Un grand nombre d'habitants, à Maurice, se sont empressés de la répandre ; nous devons principalement citer notre collègue M. Ad. Dépinay, qui, ayant été un des premiers à la recevoir, l'a fait cultiver avec tout le soin qu'elle méritait dans son beau domaine de Montplaisir : il en a fait distribuer en si grande quantité que, pendant

______

(1) Depuis la lecture de ce rapport, j'ai eu occasion d'en présenter une aux deux Sociétés existantes au Port-Louis ; elle pesait neuf livres et provenait de boutures reçues de Bourbon, il y avait cinq mois, et plantées sur mon habitation d'Argy à Flacq.

un instant, le nom de patate-Montplaisir avait comme prévalu dans quelques endroits ; mais, en agriculture surtout, il convient de conserver le premier nom appliqué à un objet, et ce généreux colon, l'appelant lui-même aujourd'hui *Patate-Sully*, a ramené dans la voie raisonnable ceux qui s'en étaient écartés.

M. E. Bouchet aîné, propriétaire de *Mondésir* aux Pamplemousses, M. Pitot à l'*Amitié*, se sont plus particulièrement attachés à en planter. Ces deux agriculteurs, enfants du pays, et qui savent apprécier ce qui lui convient plus particulièrement, ont reconnu l'excellence de cette introduction, ils l'ont proclamée dans les journaux (1), et S. E. le gouverneur, accueillant les idées libérales du dernier, en a fait le texte d'un avis publié dans la gazette officielle (2), par lequel il recommande fortement aux habitants la culture de cette racine à laquelle on reconnaît tant d'avantages. Et ce n'est pas seulement sur cette espèce que S. E. appelle l'attention des cultivateurs, ses vues s'étendent sur tous les autres moyens alimentaires.

L'éducation des vers à soie, qui avait eu, dans notre île, un certain succès de vogue il y a environ vingt-cinq ans (3), semble avoir pris, à Bourbon, un accroissement assez notable cette année.

J'en avais déja vu, en 1834, quelques essais assez heureux faits par M. Bernard dans la commune de Saint-

(1) Ile Maurice, 18 juillet 1838.

(2) Sous la date du 9 août.

(3) Voyez mes notes sur les Sociétés savantes de notre île et par ticulièrement la Société d'agriculture, fondée en 1814, par le gouverneur Farquhar.

Joseph, au voisinage de la *Basse-Vallée* et de *Langevin ;*
mais, depuis, M. Lambert, qui vous tient au courant de
tout ce qui arrive d'intéressant dans cette île voisine et
particulièrement dans la partie qu'il administre avec toute
la sollicitude d'un citoyen éclairé, nous a donné, sur cette
industrie sétifère, des détails du plus grand intérêt.

M. Wutelet, à Saint-Paul, dont les premiers essais
avaient été si heureux et qui, peu après, à la fin de
1337, avait vu, dans quelques nuits, tous ses mûriers
hauts de quinze à dix-huit pouces dévorés par les insectes, n'a pas, pour cela, perdu courage et continue d'ex-
ploiter avec succès ce genre d'industrie.

M. Vassal , à Saint-Benoît, a aussi entrepris la chose en
grand , et il paraît qu'elle est devenue tellement impor-
tante, que des machines ont été demandées à Nîmes et sont
probablement rendues à Bourbon, où la soie , nous dit
notre correspondant, est aussi belle que celle des dépar-
tements du midi de la France.

Il y a de plus à noter que les habitants qui ont établi
des *magnaneries* espèrent faire quatre récoltes dans l'année. La législature coloniale est au moment de s'occuper
de cette industrie dont les premiers succès paraissent si
heureux.

MÉTÉOROLOGIE.

Le *Mémorial encyclopédique* (1), en rendant compte de
notre rapport de 1836, a saisi principalement une phrase

(1) 1837, 7 août, p. 509.

peut-être équivoque où nous disions qu'aujourd'hui la météorologie était tellement en vogue que, même, on avait établi des Sociétés et des journaux qui s'en occupaient spécialement. Nous entendions parler alors du monde en général et non pas de notre île, où il serait vraiment remarquable que des Sociétés et des journaux de météorologie existassent.

Cependant nous pouvons dire qu'à aucune époque, et peut-être même dans aucune contrée du globe, eu égard à son étendue, on ne trouve autant de personnes attachées à ce genre d'observations qu'à Maurice actuellement.

Depuis nombre d'années, les chefs de l'administration des hôpitaux du Port-Louis et de Mahébourg notent assez exactement et plusieurs fois par jour les variations de l'atmosphère.

Notre collègue M. Lloyd fait très-exactement les mêmes observations à l'observatoire du Port-Louis, où **M. Mor**ton se montre si scrupuleux et si zélé.

Les observations faites à Flacq, par votre secrétaire, ont remplacé celles faites autrefois par feu Lislet Geoffroy, au Port-Louis, et à chaque séance mensuelle, un tableau très-détaillé de ces observations a été présenté à la Société et dix copies de chacun ont été expédiées au dehors. Un relevé des douze tableaux présentés en 1837 accompagne le présent rapport.

En outre de ces quatre endroits, la Société d'histoire naturelle, d'après la demande du secrétaire, ayant fait l'acquisition de plusieurs baromètres, thermomètres et udomètres, les a distribués comme suit :

À Mahébourg, à M. E. d'Unienville ;

Au Bassin (Pl. Willems), à M. Auguste Genève ;

Au Tamarin (rivière Noire), à M. Labutte :

Au Quartier-Militaire (Moka), à M. du Cladier de Curac.

Ces messieurs, qui sentent toute l'importance de ces observations , dont une heureuse application pourrait être faite à l'agriculture locale, consacrent leurs loisirs à consigner sur des registres et des tableaux les variations des instruments. Ce genre de travail est si facile, que, dans quelques-uns de ces endroits, ce sont des jeunes gens des deux sexes , des enfants, pour ainsi dire, qui y sont employés.

M. Labutte, surtout qui nous a offert une suite d'observations commençant à l'année 1812, nous a mis à même de faire des rapprochements intéressants que nous développerons dans un travail spécial avec ceux tirés des tableaux faits par MM. Genève, d'Unienville, Cladier, qui ne commencent qu'au 1er janvier 1838.

La Société de météorologie de Londres, dont un des membres les plus distingués se trouve en ce moment à Maurice, vient d'être portée dans la liste des corps savants auxquels nous envoyons nos tableaux. M. Georges Grey , envoyé par le ministre pour explorer les côtes nord-ouest de la Nouvelle-Hollande, nous a transmis les règlements de cette Société ainsi que les instructions qui lui avaient été données, et déjà des tableaux ont été expédiés à son secrétaire M. W. H. White.

Il résulte du tableau d'observations météorologiques ci-joint que le maximum de la pression atmosphérique pendant l'année 1837 a été de 3o-o2 angl. (28-2o fr. 762,75 millim.) dans les mois d'août et de septembre.

Le minimum de 29-00 angl. (27-25 fr. 736,5 millim.),
le 15 février au matin, époque du coup de vent.

La moyenne pression a été, à cause du coup de vent,
29 5 1 (27 8 2 fr. 749,5 millim.); mais en ramenant le
mercure de la cuvette à zéro, c'est-à-dire en corrigeant
l'instrument, qui, comme j'ai soin de l'indiquer, tous les
mois, dans une note au bas de mes tableaux, est une ligne
et demie trop bas, on aura

Pour maximum 28 3 6 fr. (30 1 4 1/2 angl. 766 mill.)
Pour minimum 27 3 11   (29 1 **3**   740   )
Pour moyenne 27 9 8   (29 6 **5**   753   )

Le coup de vent dont je viens de parler, et qui a eu
lieu le 14 et le 15 février, a déjà été mentionné dans le
dernier rapport annuel (août 1838).

Température. Dans le cabinet, le thermomètre est
monté à 29 1/2 c. (85 Fah., 23 1/2 Réaum). Le 8 février, à midi, pendant une légère brise du nord, il est
descendu à 18 c. (64 Fah., 14 1/2 Réaum.), plusieurs
fois en août, le matin, au soleil levant et à minuit.

La moyenne a donc été de 23 3/4 c. (75 Fah.,
19 Réaum.).

En plein air la plus forte chaleur a été de 38 1/2 c.
(101 1/2 Fah., 30 3/4 Réaum.), le 11 avril, à midi, pendant une brise du sud-est.

La moindre chaleur a été de 12 c. (55 Fah., 10 Réaumur) le 3 et le 30 juillet, à six heures du matin, tandis
que, le même jour, à midi, le thermomètre a monté jusqu'à 35 c. (39 Fah.).

La moyenne chaleur a donc été de 25 1/2 (78 Fah.,
20 Réaum.).

Il y a eu dans l'année dix-neuf jours de tonnerre, pendant les mois de janvier, février, mars, avril, mai, octobre et novembre. Le tonnerre s'est fait entendre quatre fois en janvier et autant en mars, et une seule fois en octobre, cette fois, il a été assez fort et accompagné de vent de nord-est et de pluie.

Le maximum de l'humidité a été de 100° à l'hygromètre à cheveu de Saussure, pendant le coup de vent de février.

Le minimum a été de 92 le 4 octobre et le 7 novembre à midi.

La moyenne se trouve alors de 96.

Pendant dix mois, les vents ont soufflé principalement du sud-est ; ils ont varié du sud-est au nord-est pendant sept mois. Pendant quatre mois, on les a vus quelquefois du nord au sud-sud-est, et une fois du nord au sud-ouest.

Il est tombé, dans l'année 1837, 534 lig. 4 points ou 3 pieds 8 pouces 6 lignes 4 points, mesure française (1 mèt. 205 mill.) ; c'est en février qu'il y a eu le plus de pluie et presque autant en juin, c'est-à-dire 102 lig. (230 mill.).

En novembre, il n'y a eu que 8 lig. 1/2 d'eau (18 mill.); à cette époque, la sécheresse était alarmante et allait toujours croissant, car, en décembre, il n'y a eu que le double de ce minimum.

On a compté, dans cette année, deux cent vingt-sept jours marqués par quelques grains de pluie. La pluie est tombée cent quarante-deux fois le jour et cent soixante-six fois la nuit. La pluie du jour a donné 243 lig. 8 points ou 20 pouces 3 lig. (549 mill.), celle de la nuit 290 lig. 8 points ou 24 pouces 2 lig. 8 points (655 mill.).

Le maximum de la pluie a été, le jour, de 25 lig. 8 points, et la nuit de 25 lig. le même jour pendant le coup de vent de février.

Bien que le tableau ayant rapport à l'évaporation pendant l'année 1837 ait été publié dans le *Mauricien* (11 avril 1838, n° 539) (1), et que des exemplaires imprimés séparément aient été distribués à plusieurs personnes à qui l'auteur est dans l'usage de faire tenir les travaux de ce genre, il convient de dire, pour compléter ce résumé, que l'évaporation de l'eau a été de 795 lig. ou 5 pieds 6 pouces 3 lig. (1 mèt. 793 mill.), ce qui surpasse de 1 pied 9 pouces 10 lig. (0 mèt. 591 mill.) la quantité d'eau tombée.

La plus grande évaporation a eu lieu en novembre, où elle a été de 79 lig. 3 points (179 mill.); la moindre, de 50 lig. 6 points (114 millim.), a eu lieu en juin.

MAREES.

La Société asiatique de Calcutta, toujours jalouse d'entretenir partout cette ardeur pour la science qui l'a constamment caractérisée depuis plus de cinquante ans, nous a fait parvenir, par l'entremise du savant secrétaire M. J. Prinsep, membre honoraire de notre Société, des instructions imprimées au sujet des observations à faire

---

(1) Il y a plusieurs erreurs qui se sont glissées dans le *Mauricien*, elles ont été rectifiées dans les feuilles tirées à part, et cependant dans cette feuille il y a encore 1 ligne d'eau de différence; mais je ne le fais remarquer ici que pour faire voir que je m'en suis aperçu.

sur les marées dans le littoral de l'océan indien ; nous nous sommes empressés de communiquer ces instructions à plusieurs personnes placées de manière à pouvoir s'occuper de ce sujet intéressant, et nous avons été assez heureux d'apprendre que notre collègue M. Lloyd avait, depuis quelque temps, devancé le désir de la Société asiatique, qui était principalement de faire parvenir ces observations au professeur W. Whewell, du collége de la Trinité, à Cambridge, qui consacre une grande partie de son temps à la vérification d'une opinion émise par Newton il y a plus de cent cinquante ans, et qui consiste à savoir si la loi de la gravitation universelle ne serait pas la cause principale du phénomène des marées (1).

Une chose assez fâcheuse pour ceux qui s'intéressent à la connaissance des phénomènes naturels, et je dirai à ce qui tient à l'esprit humain en général, c'est de voir que des découvertes et des observations faites quelquefois autour de nous ne nous parviennent que plusieurs années après et lorsque les autres contrées ont eu, pour ainsi dire, les prémices de ses découvertes.

C'est à l'occasion des *étoiles filantes*, observées dans notre île, que j'ai été conduit à ceci. Nous voyons, en effet, dans plusieurs journaux d'Europe (2), que des observations assez curieuses sur les étoiles filantes du 12 au 13 no-

---

(1) M. E. d'Unienville, qui suit avec succès la marche des instruments météorologiques, à Mahébourg, nous a fait espérer qu'il s'occuperait du même sujet.

(2) *L'Institut*, supplément, n. 218, août 1837, p. 276.

L'Echo du monde savant, n. 254, 2 août 1837.

Mém. encyc., VII. 450.

vembre ont été faites dans notre île, en 1832, par M. L. Robert, qui habitait, à cette époque, le quartier des Pamplemousses ; le nombre en était si grand, qu'il n'y avait pas possibilité de le compter, particulièrement à quatre heures du matin.

J'ai pensé que l'extrait suivant, communiqué à l'Académie des sciences dans la séance du 31 juillet 1827, intéresserait le lecteur.

« Maurice, 12 novembre 1832, à huit heures du soir,
« forte pluie indiquée par le mercure du baromètre, qui,
« pendant la soirée, avait baissé d'une ligne et demie ;
« brise du nord-ouest, temps couvert une partie de la
« nuit ; le 13, vers trois heures du matin, calme ; il ne
« restait que quelques nuages très-élevés et immobiles ;
« on apercevait dans toutes les parties du ciel où il n'y
« avait pas de nuages, et surtout vers le zénith, à quel-
« ques degrés dans le sud, une grande quantité d'étoiles
« filantes qui traversaient le ciel dans toutes les directions ;
« le nombre en était si grand, qu'il était impossible de
« les compter ; leurs traces n'étaient pas en ligne droite
« comme celle des étoiles filantes qu'on voit ordinaire-
« ment, elles décrivaient, dans le ciel, toutes sortes de
« courbes.

« Ces météores lumineux, ajoute M. Robert, laissaient
« après eux une lueur bleuâtre qui durait longtemps
« après qu'ils avaient disparu. J'en ai remarqué de très-
« gros dont la lumière donnait une ombre sensible : le
« phénomène était dans sa plus grande force à quatre
« heures du matin ; quelques instants avant le lever du
« soleil on en voyait encore, mais en moindre quantité.
« Le mercure était remonté à sa hauteur ordinaire ; le

« thermomètre de Réaumur était de deux degrés plus
« bas que les jours précédents. »

(*L'Institut*, supplément, nᵒ 218, août 1837, p. 276.)

Nous avons reçu, sur les tremblements de terre et les
éruptions volcaniques qui ont eu lieu à Bourbon, les détails suivants dus à nos zélés correspondants Lepervanche
et Lambert.

M. Lepervanche nous dit que, le 10 novembre 1837, à
quatre heures, P. M. étant dans son cabinet à Sainte-Suzanne, il vit remuer les tablettes de son herbier et de ses
livres, la terre frémir sous ses pieds, et entendit son cabinet craquer, et il ajoute que, si la secousse, qui a duré
dix secondes, avait continué, il aurait été obligé de fuir
par prudence.

A Salaize, la secousse a été non moins violente et ac-
compagnée d'une détonation semblable à un orage sourd.
Peut-être, dit notre collègue, est-ce la chute de quelque
piton ou pan de montagne qui aura occasionné ce bruit ;
ce qui le porte à faire cette supposition, c'est que l'on di-
sait, à cette époque, qu'à la *rivière des Remparts*, non loin
du volcan, un piton assez considérable s'était fendu et
menaçait de combler le lit de cette rivière ; mais cette
dernière nouvelle n'a pas encore été suffisamment vé-
rifiée.

Je suis porté à croire que le phénomène qui a eu lieu
à Saint-Paul, et dont M. Lambert nous parle, n'est que la
suite de celui dont il vient d'être fait mention ; c'est à trois
heures quarante minutes qu'il s'est fait sentir. Le temps
était lourd et couvert ; le thermomètre de Réaumur mar-
quait à l'ombre 22° 15, et le baromètre 28 2 fr. La secousse a été précédée d'un bruit sourd semblable au rou-

lement d'une voiture ou à un coup de tonnerre éloigné, et il n'avait pas cessé que la commotion s'est fait sentir ; elle a duré cinq à six secondes, et la direction était de l'ouest à l'est. M. L. nous dit que ce tremblement de terre a été senti à Saint-Pierre et à Saint-Denis, mais que dans aucun endroit il n'y a eu d'accidents fâcheux.

Le 31 janvier de cette année, à cinq heures du soir, la même île a éprouvé une autre secousse de tremblement de terre moins forte que celle du 10 novembre, mais d'une durée à peu près égale. Le ciel était couvert de gros nuages orageux dans le sud, le vent soufflait du nord et la chaleur était très-forte. C'est M. Lepervanche qui nous communique ces petits détails dont il a été témoin à Sainte-Suzanne ; mais nous ne savons pas si la secousse a été ressentie ailleurs.

Les orages que cette même île a éprouvés pendant tout le mois de février ont été très-violents, au dire de M. Lepervanche ; les nuages se déchargeaient presque sans interruption ; le 18, jour de la fameuse éruption, l'atmosphère avait un aspect menaçant, le baromètre était tombé à 27, et tout annonçait un coup de vent, qui heureusement n'a pas eu lieu.

Il paraît que les tremblements de terre dont je viens de rendre compte n'étaient que les avant-coureurs des éruptions volcaniques vraiment remarquables qui ont eu lieu en février, mars et avril.

Le 18 février, à l'entrée de la nuit, toute l'île était éclairée par une vive lumière qui permettait facilement de lire une lettre à sept lieues de distance ; en même temps des flots de laves incandescentes sortaient de la bouche du volcan comme d'un immense réservoir qui débordait de toutes parts ; c'était, on le suppose, le cratère Dolomieu qui était en travail : aucune gerbe de feu, aucune fumée ne se faisaient voir.

Le mois suivant, après une interruption que nous ne pouvons apprécier, une éruption de la même nature que celle de 1831 a eu lieu dans le flanc de la montagne à une distance prodigieuse du cratère, a plus de deux lieues et à 1,100 toises environ au-dessous des bords du cratère. M. Lepervanche nous écrit que c'est à l'endroit où nous avions passé la nuit, en août 1834, que la lave a fait éruption. De là le fleuve s'écoulait à la mer et formait une nappe de 2,000 pieds de largeur. La lutte occasionnée par la chute de la lave dans la mer est quelque chose de vraiment magique. Les vapeurs qui s'exhalaient de ce contact de plusieurs éléments ont failli être funestes plusieurs fois à notre collègue, qui a visité le grand pays brûlé pendant ce phénomène. Malgré la chaleur très-forte de la lave sur laquelle il fallait passer, et les exhalaisons de bitume et de soufre qui le suffoquaient à chaque instant, il est parvenu à gagner une petite oasis où, à l'abri de quelques feuilles de palmiste marron (*areca lutescens,* Bory), il a passé la nuit moins occupé à dormir qu'à contempler le tableau magnifique qui se déroulait tout autour de lui. Cette place fut choisie par M. Lepervanche, parce qu'elle lui rappelait une halte que nous y fîmes, il y a quelques années, lorsque , accompagné de ce savant et modeste botaniste, je parcourais cette île voisine.

Le journal hebdomadaire de Bourbon, du 4 avril, donne quelques détails sur cette deuxième éruption , qui aurait commencé le 14 mars, et dont la coulée a parcouru,

en moins de cinq jours , un espace de plus de 5oo gau-
lettes (8,5oo pieds) (1).

La botanique proprement dite n'a rien présenté de
remarquable dans les travaux de la Société pendant
toute l'année. Nous pouvons dire cependant que notre
collègue M. Bojer consacre une partie de ses loisirs à des-
siner et à décrire en détails les nombreuses espèces nouvelles dont son catalogue a été enrichi.

La physiologie végétale nous a offert deux mémoires ou
notes assez curieuses.

M. Leduc, dont le nom se lie si naturellement à celui
de l'île d'Agalega et dont nous avons eu l'occasion de parler il y a deux ans, a continué ses observations sur l'accroissement des arbres dans la petite île Madréporique où
il vit en philosophe, loin de toute société, si ce n'est celle
de la petite peuplade qu'il dirige et gouverne pour ainsi
dire depuis douze ans et plus.

L'opinion émise par M. de Candolle sur la longévité
des arbres, qui peut être employée à connaître l'âge d'un
pays et particulièrement d'une île , a donné l'idée à cet
observateur de faire des recherches sur ce sujet et de les
approprier à l'île d'Agalega : les détails qu'il a bien voulu
nous communiquer sont vraiment curieux; ils annoncent
un esprit observateur, duquel nous pouvons attendre une
foule de bonnes choses.

En résumé , il suppose qu'il y a six siècles que l'île
d'Agalega est sortie du sein de la mer ; mais un bien plus
grand nombre de siècles s'étaient écoulés avant qu'elle n'ait

(1) *Mauricien,* 3o avril 18з8, n. 54;. tiré de la feuille hebdomadaire de Bourbon.

atteint ce niveau. Il va plus loin, car il est d'opinion que, dans cinq cents siècles, Agalega formera un des caps de l'île *Saya-de-Malha*, à laquelle seront aussi jointes les îles Amirantes et celle de Saint-Brandon.

Les expériences faites sur l'*Hernandia sonora*, L. Vulg., bois blanc, les *Intsia* et les *Cordia*, bois de teck, et que M. Leduc nous a aussi transmises, offrent beaucoup d'intérêt, et nous sommes persuadés d'avance de l'accueil que le savant botaniste de Genève leur fera, car elles vont lui être acheminées incessamment.

Il est un point de notre île appelé *le Cap*, qui se trouve placé sur les limites des quartiers de la *Savane* et de la *rivière Noire*, et qui ne ressemble nullement aux autres parties de Maurice. Les rochers à pic qui terminent la baie à l'embouchure de la rivière de ce nom, et qui sont composés, dans plusieurs endroits, de prismes basaltiques extrêmement réguliers, particulièrement ceux que l'on rencontre beaucoup plus avant dans le lit même de la rivière au *bassin Maron*; la belle cascade dite de la *rivière Noire* ou de *Chamarel*, qui tombe de plusieurs centaines de pieds dans un lit immense dont les singes, les cerfs, les cabris et les cochons marrons se disputent pour ainsi dire la jouissance, une végétation riche et sauvage en même temps; enfin, chez les habitants, des mœurs toutes différentes, du moins dans les classes inférieures; car, pour les maîtres, ils appartiennent à la grande famille des colons hospitaliers et pleins de franchise et de droiture qu'on rencontre dans toute l'île et qui l'a toujours caractérisée, toutes ces choses, dis-je, caractérisent principalement ce petit endroit, qui semble avoir fait partie de l'île Bourbon, et il offre, avec cette île voisine, tant de ressemblance, que tous ceux qui ont visité l'une et l'autre en font involontairement la remarque.

Les domestiques et les gens de l'habitation y parlent même le patois bourbonnais : la chose est toute simple; ils sont ou créoles de Bourbon, ou descendants de ces créoles. Les maisons servant de dépendances sont construites, comme à Bourbon, en pièces de bois couchées. Vous n'y entendez pas, comme partout ailleurs, le son de la cloche pour appeler le monde à l'ouvrage ou pour indiquer l'heure du repos. C'est le cornet à bouquin, ou, comme on l'appelle à Bourbon et à Madagascar, c'est l'*encive*, grosse coquille de nos rivages, espèce du genre triton, que l'on fait résonner. Les échos de ces lieux sauvages répètent au loin ce bruit singulier produit par l'air comprimé avec force par le moyen du souffle dans la spire de la coquille.

Pour le physiologiste, toutes ces particularités ne sont rien auprès des anomalies que lui offrent cinq palmistes qui se trouvent parmi un nombre assez considérable de ces arbres, qui ont été plantés dans le verger, à peu de distance de la maison, et qui proviennent de graines apportées de Bourbon par l'ancien propriétaire, M. Lepervanche Mézière, qui avait, le premier, remarqué ces arbres lors de son voyage à Maurice, en 1835; en ayant donné connaissance au secrétaire de la Société, celui-ci s'est rendu sur les lieux et les a esquissés avec toutes les mesures nécessaires pour en constater suffisamment l'authenticité.

Enfin ces arbres offrent cette anomalie, qu'à partir d'environ trois et quatre pieds du sol, ils se ramifient en deux, trois, quatre et même sept tiges, et chacune de ces tiges s'élance avec cette grâce qui caractérise nos palmiers à hauteur de 20 et 25 pieds, comme ceux qui n'ont qu'une tige unique. Celui qui avait sept tiges n'en offre plus que deux bien entières; les cinq autres, qui formaient un faisceau, ont été brisées au rez du tronc principal, il y a quelques années. Des racines sortent des divers embranchements de chacun de ces arbres et semblent vouloir se rendre à terre, quoiqu'elles en soient éloignées de plusieurs pieds.

Notre collègue, M. Gaudichaud, qui s'est rendu célèbre depuis longtemps par des travaux de physiologie végétale, a trouvé ce fait si curieux, lorsque M. Lepervanche le lui a communiqué, qu'il est devenu, entre celui-ci et le secrétaire, le sujet d'une correspondance qui a été adressée à l'Académie des sciences de l'Institut de France, et notre intention est même de faire des tentatives auprès du propriétaire de cette curieuse habitation pour avoir un de ces arbres et l'acheminer au jardin des plantes.

Plusieurs naturalistes, et Buffon (1) particulièrement, avaient déjà signalé la présence de corps étrangers dans les œufs d'oiseaux, et quelquefois aussi celui d'un œuf dans un œuf, *ovum in ovo.*

Les mémoires de l'Académie royale des sciences de Paris (2), Guettard, dans *ses mémoires sur différentes parties des sciences et des arts* (3), en ont aussi traité avec quelques détails, et il suffit d'autorités pareilles pour ajouter foi à un fait que beaucoup cependant ignorent et

1) *Hist. nat. du Coq, oiseaux*, II, 76; Paris, in 4, 1771.
2) *Hist. de l'Acad. royal des Sc.*, 1706, 1712, 1745.
3) In-4; Paris, 1783, V, 331, 353.

que M. J. Desjardins a été assez heureux, dans l'espace de plusieurs années et dans notre île seulement, de rencontrer dans les trois espèces les plus répandues dans nos basses-cours, la dinde, la cane, la poule. Ce fait s'offrirait beaucoup plus fréquemment si tous les œufs étaient examinés avec soin.

Les sujets qui ont servi à la note rédigée par M. J. Desjardins font partie de son muséum. L'œuf de poule a cela de curieux qu'il est d'une grosseur extraordinaire, celui qui est interne est lui-même d'une belle dimension. Dans l'œuf de dinde, celui contenu intérieurement est trèspetit et n'est pas encore tout à fait revêtu de son enveloppe calcaire.

De nombreuses citations ont été faites par l'auteur du mémoire pour corroborer ce fait, et en même temps combattre quelques vieilles erreurs accréditées au sujet de petits serpents trouvés dans les œufs.

Une nouvelle espèce de Chironecte a été ajoutée à notre Faune par M. J. Desjardins; il l'a appelée Chironecte maculé (*Ch. maculatus*) J. D.

Il ne se trouve ni dans la monographie publiée en 1817, par Cuvier, dans le 3ᵉ volume des *mémoires du Muséum d'Histoire naturelle*, ni dans le 12ᵉ volume de l'*histoire des poissons* du même auteur, et qui a paru, l'année dernière, par les soins de M. Valenciennes, son savant collaborateur.

C'est dans ce dernier ouvrage et dans ce 12ᵉ volume, où la famille des *poissons à pectorales pédiculées* est traitée avec beaucoup de soin, que notre espèce aurait pu se trouver, si les naturalistes qui nous visitent de loin en loin l'avaient connue : d'autant mieux que cinq espèces de notre île y sont mentionnées : une, entre autres, à laquelle M. Valenciennes donne l'épithète de *nesogallicus.* Dans la monographie citée plus haut, deux espèces sont, de plus, données comme de notre île ; ce qui joint, à celle qui a fait le sujet de cet article, porte à huit le nombre des espèces de nos mers.

Mais nous avouerons en même temps que nous ne les connaissons pas toutes ; ce qui, du reste, ne veut rien dire contre les assertions des deux ichthyologistes auxquels tout le monde sait rendre justice.

Celui décrit par M. J. Desjardins est d'un jaune pâle, avec des maculatures d'un rouge assez vif sur les nageoires et sur toutes les parties du corps ; de courts appendices charnus se font remarquer çà et là.

Les nombres des rayons des nageoires sont :

D. 3, 12. A. 7. C. 9. V. 5. P. 10.

Un dessin, fait d'après nature, accompagne cette description , qui a été insérée dans le *Magasin de zoologie,* 1840, pl. 2.

INSECTES.

Ayant donné, l'année dernière, à la fin de notre rapport, un aperçu des espèces d'insectes et d'arachnides qui se trouvent à Maurice et à Bourbon, nous avions avancé *à priori* que leur nombre devait aller à plus de mille. Dans le tableau comparatif des espèces que nous possédions alors et de celles que nous avons acquises depuis, on verra que nous en avons découvert, dans l'année, cent soixante-quinze, et si nous y joignons les crustacés pour compléter la grande division des invertébrés que Linné rangeait sous le nom d'insectes, nous aurons plus de deux cents espèces nouvelles à consigner.

	En août 1837.	En août 1838.
Myriapodes.	5	6
Thysanoures.	1	1
Parasites.	8	9
Suceurs.	1	1
Coléoptères.	226	292
Orthoptères.	53	60
Hémiptères.	103	140
Névroptères.	32	35
Hyménoptères.	55	56
Lépidoptères.	174	192
Rhipiptères.	»	»
Diptères.	80	118
	738	910
Arachnides.	83	84
	821	994
Crustacés.		143
		1,137 espèces (1).

Le nombre d'insectes et d'arachnides indigènes qui nous sont connus aujourd'hui approche, comme on voit, de mille, puisqu'il est de neuf cent quatre-vingt-quatorze. Les crustacés, au nombre de cent quarante-trois, viennent tous les jours nous offrir des espèces nouvelles.

Nous avons préféré laisser dans nos cartons les descrip-

(1) Depuis que ce rapport a été lu, ce nombre a encore été augmenté de cinquante espèces.

tions et les dessins qui doivent servir à l'ouvrage que nous avons le projet de publier en Europe; car, en présentant à la Société quelques notes sur ces nombreuses espèces avant de les comparer, nous nous exposerions à détruire peu après quelques-unes de ces espèces. Aujourd'hui la comparaison est devenue chose indispensable pour la connaissance des objets (1). Qu'il me suffise de dire que la 3ᵉ édition du *Catalogue des coléoptères* (2), du comte Dejean, notre savant correspondant, contient vingt-deux mille trois cent quatre-vingt dix-neuf espèces, et il ne s'agit que de l'un des douze ordres qui composent la classe des insectes. Parmi ce nombre vraiment prodigieux, le comte Dejean n'en cite que cent soixante-six comme provenant de Maurice et de Bourbon, et, par le tableau que je viens d'offrir, on voit que nous en possédons deux cent quatre-vingt-douze pour le moment. Si la proportion est la même pour les autres contrées du globe, ce qui ne peut être autrement, le nombre des espèces de coléoptères s'élèverait donc à plus de quarante mille.

Chose vraiment faite pour nous accabler ou pour rallumer dans notre esprit ce besoin de connaître qui caractérise plus particulièrement les naturalistes de notre époque.

(1) « ...... On ne peut trop le redire, sans la comparaison « immédiate, il n'est point de certitude en histoire naturelle. » Cuv., Éloge de Lacépède, dans le *Recueil des éloges histor. des acad.*, in-8; Paris, III, 519.

(2) Paris, in-8, 1837, p. 503.